ARIEH BEN-NAIM
ENTROPY AND THE SECOND LAW
INTERPRETATION AND MISSS-INTERPRETATIONSSS

エントロピーの正体

アリー・ベン=ナイム 著
小野嘉之 訳

丸善出版

Entropy and the Second Law
Interpretation and Misss-Interpretationsss
By Arieh Ben-Naim

Copyright ©2012 by World Scientific Publishing Co. Pte. Ltd.
All rights reserved. This Book, or parts thereof, may not be reproduced in any form or by any means, electronic or mechanical, including photocopying, recording or any information storage and retrieval system now known or to be invented, without written permission from the Publisher.
Japanese translation arranged with World Scientific Publishing Co. Pte. Ltd., Singapore through Japan UNI Agency, Inc., Tokyo.

Japanese translation Copyright ©2015 by Maruzen Publishing Co., Ltd.

本書をある匿名の査読者に捧げる。
彼は筆者が
Journal of Chemical Education
に投稿した論文を査読し，本書執筆の動機を与えてくれた。

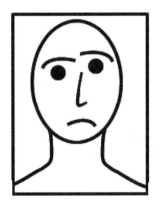

מֵהָאֹכֵל יָצָא מַאֲכָל וּמֵעַז יָצָא מָתוֹק
(שופטים, יד,יד : Judges 14,14)

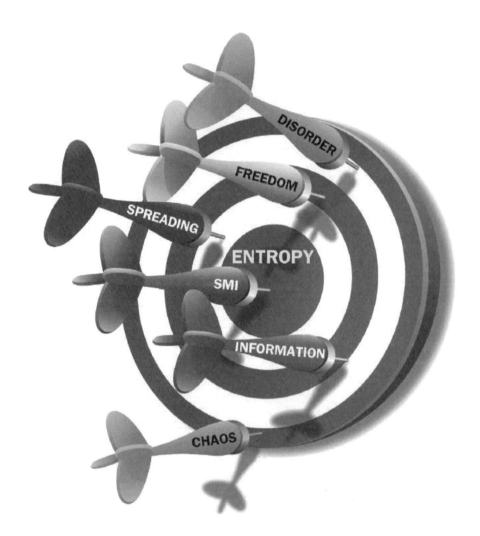

[図中の文字：disorder: 不規則性，freedom: 自由度，spreading: 広がり，SMI (Shanon's measure of information): シャノンの情報測度，information: 情報，chaos: カオス，entropy: エントロピー]

ハンプティ・ダンプティ塀の上，
ハンプティ・ダンプティ落っこちた，
王様の馬たち，家来たちが総掛かり，
それでもハンプティを元には戻せなかった!

謝　辞

　この本を，私が *Journal of Chemical Education* に投稿した論文の匿名査読者に捧げます。彼ないし彼女の意図はその論文に記述された考え方が出版されることを妨げることにあったのですが，結果的には私にとっての恵みとなっただけでなく，望むらくはこの本の読者にとっても恵みになったと思います。

　私の友人であり同僚である，タカシ・アウルエス（Takashi Aurues），ネスター・バラザ（Nestor Barraza），フランク・ビアバウアー（Frank Bierbauer），ディエゴ・カサデイ（Diego Casadei），クロード・デュフォー（Claude Dufour），リチャード・ガミジ（Richard Gamage），ホアン・パウロ・フェレイラ（João Paulo Ferreira），ポール・キング（Paul King），エフゲニ・コフリギン（Evgenii Kovrigin），ティエリ・ロロー（Thierry Lorho），ロバート・マゾ（Robert Mazo），マイク・マッキントッシュ（Mike McIntosh），ジョアキム・メンデス（Joaquim Mendes），ミハリ・メゼイ（Mihaly Mezei），ジョージ・ヌマタ（Jorge Numata），アンドレ・サントス（Andres Santos），ヒュー・サージェント（Hugh Sargeant），サミュエル・ザンピーニ（Samuele Zampini）の皆さんは，原稿のすべてあるいは一部を読み，有益なコメントや示唆を提供していただきました。

　また，Power-Point や Mathematica によって作成されてものを除くすべての図を描いてくれたアレックス・バイスマン（Alex Vaisman）には特に感謝いたします。表紙デザインはジミー・チェーチン・ロー（Jimmy Chye-Chin Low）によって作成されました。そして，最後になりますが，いつものように，この本を執筆している間，辛抱強く支援し，激励してくれた私の妻，ルビー（Ruby）に感謝します。

略 語 一 覧

1-D　　1 次元の（one-dimensional）
SMI　　シャノンの情報測度（Shannon's measure of information）
ln　　　自然対数（natural logarithm）
log　　一般対数（general logarithm），特に 2 を基底とする対数
D　　　区別できる（distinguishable）
ID　　　区別できない（indistinguishable）
20-Q　　20 の質問

まえがき

親愛なる読者の皆さまへ

皆さんはこの本を手に取ってめくりながら，読むべきかどうか迷っておられるのではないでしょうか。そこで，皆さんの決断に役立つであろういくつかの視点を示そうと思います。

本書の構成と目標

　私の目標は，物理学において（未だに！！）最も不可思議な概念の1つとなっているエントロピーに関心があり理解したいと考えているすべての人に，その概念を説明することにあります。

　この目標を達成するために，私は次に掲げる4つのステップを通して，皆さんをご案内したいと考えています。

ステップ 1: まず，よく知られた最も単純な「20の質問」（20-Q）ゲームを楽しむことから始めましょう。皆さんこのゲームについてはよくご存じのことと思いますが，第2章で，このゲームを定式化します。定式化というのは，具体的には，このゲームを2つの重要な数で特徴づけるということです。第一の数は W で表しますが，対象物の総数です。この中から，1つの対象物が選ばれます。たとえば，100匹の異なる動物の中から1匹の動物を選んで問題とする場合，W は100になります。第二の数は，W 個の対象物の中からどの1つが選ばれているのかを見つけ出すために必要な，二値質問（○か×か，あるいは Yes か No かなど）の最小数です。この数を S で表します。2つの数 W と S の間にはある関係があります。対象物の集団が大きければ大きいほど，選ばれた対象物を見つけるためにしなければならない質問の数も大きくなります。W と S の関係について

ステップ 2: 最も単純なゲームに慣れたら，今度は，そのゲームを一般化してみましょう．最も単純なゲームでは，たとえば 100 匹の異なる動物を考えます．明示的には述べませんでしたが，その中から「無作為に」1 匹を選び出します．いい換えれば，特定の動物，たとえばライオンが選び出される確率は 1/100 になります．このことは，選び出す動物に特に好みはないことを意味します．

一般化されたゲームでは，ちょっと違っています．「一様に分布した」100 匹の異なる動物の代わりに，50 匹のライオン，30 匹のイヌ，19 匹のネコ，1 匹のリスがいるという情報が与えられます．100 匹の中から 1 匹を選ぶのは前と同じですが，答えとしては，どの種類の動物が選ばれたかを当てることになります：ライオンか，イヌか，ネコかあるいはリスか？

このゲームの方が，はるかに簡単であることがわかるでしょう．対象物の総数は 4 であり，各対象物の確率分布は $(\frac{50}{100}, \frac{30}{100}, \frac{19}{100}, \frac{1}{100})$ となります．この場合も，対象物の総数と，どれが選ばれたかを当てるために必要な質問の最少回数の間には，ある関係が存在します．

ステップ 3: さて，より一般的な 20-Q ゲームに慣れたところで，再度，対象物の総数に対して記号 W を用いることにしましょう．対象物の総数 W と各対象物の確率分布 $(p_1, p_2, \cdots, p_w)$ がわかっているという条件下で，どの対象物が選ばれたかを見つけるために必要な質問の最少回数を S で表すことにします．文字 S は，対象物の確率分布が与えられた場合の数 S を計算する数学的手法を発見したシャノン (C. Shannon) を称える意味で用いています．シャノン自身は，この数を H で表しました．本書でも第 2 章では，同じく H を用いることにしますが，後で S に変えます．

ステップ 4: 最後に，単純な（一様分布の）ゲームにも，一般化された（非一様分布の）ゲームにも慣れ，どちらのゲームもこなせると思えるようになったら，もう一段，抽象化を進めてみましょう．系が膨大な数の原子や分子からなると想像してみてください．各原子（分子）は位置 (l) と速度 (v) をもっているので，この対を (l, v) のように表します．この場合「対象物」は各粒子に対する数 (l, v) の可能なすべての対を集めた集団です．これは，対象物の超巨大な集団になります．しかし，その集団がいか

に巨大であろうとも，この超巨大集団に対して，前と同じ 20-Q ゲームを実行するのを想像することは可能です。

大きな数を気にせず，何十億年もかけてゲームを行うことをいとわなければ，いかに困難であろうとも，通常の 20-Q ゲームと同じであることがわかるでしょう。困難といっても，しなければならない質問の数が非常に大きいことによる困難であり，原理的なものではありません。

"サイズ" に関する困難を克服すれば，このゲームでしなければならない質問の最少回数は，ほかならぬエントロピーに比例することを見出すでしょう。その結果，これまで，やっかいで深遠な科学の未解決ミステリーであったものが，瞬時にして，20-Q ゲームをするのと同程度に簡単になるでしょう。気にかけなければならないのは，20-Q ゲームを要領よく実行することだけです！ 20-Q ゲームにおける W と S の関係が，系の実現可能な状態の数と，その系のエントロピーの間の関係と同じであることを知るでしょう。

150 年以上もの間にエントロピーに対してつけられた，ファジーで曖昧な記述子，たとえば，乱れ，情報，広がり，分配，カオス，構造，自由などはすべて不要になります。エントロピーを取り巻く混乱は解消し，謎が解けるのです！

本書執筆の動機

この本を書く動機は 2 つあります。第一には，私が以前に執筆した一般書，『エントロピーがわかる』(*Entropy Demystified*)[1]，および『エントロピーと熱力学第二法則を見つける』(*Discover Entropy and the Second Law of Thermodynamics*)[2]を読んだ何人かの読者が，これらの本で展開された多くの主張に関して，私が証明を与えていないと不満を表明したことです。彼らに対し私は，これらの本が一般の読者を対象として書かれたものであり，化学や物理の学生，ましてや専門家を対象にしたものではないと回答しました。

それでも，数学公式を見ても嫌悪感を抱かない人々に満足してもらえるような短い読み物を書いた方がよいのではないかと感じていました。実際，簡単なメモ書きや草稿，スケッチなどを用意していました。しかし，そのときは，水や水溶液に関するほかの本を執筆するのに忙しく，一時棚上げしていたのです。

---

[1] 訳注：原題の意味は「エントロピーの謎を解く」。邦訳本は『エントロピーがわかる —— 神秘のベールをはぐ 7 つのゲーム』(講談社ブルーバックス，2010 年 7 月)，中嶋一雄訳。

[2] 訳注：World Scientific Pub. Co. Inc. から 2010 年 8 月に出版された本で，邦訳本はまだ出ていないようである。

第二の動機は，もう少しやむにやまれぬもので，これには 3 年もの長い歴史があります。

約 3 年前，私はエントロピーと熱力学第二法則を情報の観点から説明する立場を支持する論文を書きました。その論文を何人かの友人・同僚に送って，意見や批判を仰ぎました。ほとんどの応答は好意的で肯定的でした。ただ 1 つのコメントが際立っていて，全く予想外のものでした。論文に対するコメントの代わりに，私が受け取ったのは，非常に個人的で，悪意に満ちた，感情的な手紙でした。このような手紙を送りつける気力をもつ人がいると考えただけで，恐ろしくなりました。

以下にその手紙の一部を示します。

> …，シャノンの情報量に関するあなたの提案…，S —— は，人間の排泄物を意味するもう 1 つの S で始まる言葉にほかならない[3]。恥を知りたまえ。

> あなたの手法と態度が不快なだけでなく，情報理論と統計力学を結びつけるあなたの偉大な才能が，普通の学生たち，とりわけエントロピーと熱力学を大きな概念上の障害としてかかえている化学の初学者である学生たちのニーズを無視する尊大さのために帳消しになっている。

> あなたが，…，に送った間違いだらけの原稿を捨て去り，彼と協力して，あなたの専門知識と我々が提唱し概念的な認識として成功しているものを融合させることに務めれば，今世紀および今後何世紀にもわたるエントロピー教育を変革することができるだろう。

> もし，そうしないのであれば，私は文字通り生涯をかけて戦い，世界中の人々に，あなたの見解が，ちょうどあなたが私に対して見せているような欺瞞的で，ごまかしのうまい，不正直な人物の見解にほかならないということを示すつもりだ。

相手が誰かは明白でした。私は恐ろしくなって，論文を投稿するのをやめました。

2 年後，同じ人物が私の著書『エントロピーがわかる』の書評を書き，自身のウェブサイト (entropysite.oxy.edu) および Amazon.com に掲載しました。これは教育的な価値のある注目すべき書評で，科学やある種の科学者たちの振る

---

[3] 訳注：shit を指していると思われる。

舞いに関心をもつ人なら誰が読んでも有用なものだと思います。この書評は，イスラエルの民を呪うために現れたが，最後には民を祝福したという聖書のバラムの話を思い起こさせました。この書評の目的は中傷にありましたが，実際には，自分自身が平明な英語で書かれた単純で基礎的な文章を理解できないことを公衆に示すという形で，執筆者にはね返りました。

話はこれで終わりではありません。約1年前，私は原著論文の改訂版を *Journal of Chemical Education* に投稿しました。この論文は3年前に書いたものと本質的に同じ内容ですが，改訂版では，エントロピーについての他の説明に関する批判的なコメントをほとんどすべて削除しました。

3人の査読者のうち，2人は何カ所かの修正後の掲載を勧めましたが，1人は勧めませんでした。

論文掲載拒否の理由を読んでみると，その査読者が上げている問題点のほとんどは論文に当てはまらないことがわかりました —— たった1つの点を除いては。そして，そのたった1つの点というのは，穏やかに表現すれば，馬鹿げていて間違っているということだけでした。この点については，第1章で詳しく論じます。

これが，本書を，不退転の覚悟で執筆しようと決心した経緯です。しかし，やらなければならない仕事がありました。論文を書き直し，できるだけ注意深くかつわかりやすくその内容を説明し，エントロピーと熱力学第二法則に関する既存のすべての解釈に対する私の見解を含めるという作業が必要でした。すぐにわかりましたが，そうするためには，20ページ程度の分量であった論文を200ページ以上に拡大しなければなりませんでした。このようにして本書が完成したのです。再び，私は原稿を数人の友人・同僚に送り，コメントを求めました。送られてきたすべてのコメントはありがたいもので，いくつかの示唆は本書に取り入れました。本を執筆することの利点は，匿名の査読者の見解に屈服することを強制されずに，自分の見解を表明する機会を著者に与えてくれることにあります[4]。

本書の構成，様式および内容

この本のレベルおよび様式は，以前に執筆した一般向けの『エントロピーがわ

---

[4] 訳注：だから何を書いてもいいということにはならないし，原著者もそのことはわかっていると思われる。本書の内容は，見解をできるだけわかりやすく記述するというスタンスで書かれている。

かる』と，もう少し専門的な『エントロピーとの決別』(A Farewell to Entropy) [5] の両方にまたがっています．本書の目的は，熱力学や第二法則を教えることではありません．目的とするのは，エントロピーに対するいろいろな意味づけや解釈を提示して，情報理論的取り扱いの優位性を示すことです．

第1章では，第二法則の簡単な導入とエントロピーのいろいろな解釈について述べます．読者は，熱力学がエントロピーに対する分子論的な説明を与えてくれないという事実を認識すべきです．一方で，統計力学はエントロピーを，系における実現可能な状態の総数を用いて分子論的に定義します．この総数を W で表します．W は特に解釈を必要としない明確な量です．また，ボルツマン (L. Boltzmann) のエントロピーも定義は明白で，$S = k_B \log W$ です[6]．しかしながら，W と違い，W の対数に対してはその意味を解釈する必要があります．

第2章では，情報理論の簡潔な導入を述べます．第3章で示す理想気体のエントロピーの計算という応用を理解するのに十分な程度に，最小限の基礎的内容が記述されます．

第4章は，エントロピーの変化を理想気体のエントロピー関数から計算できるようないくつかの具体例が扱われます．読者の皆さんは，それらの具体例をしっかり学び，できれば新しい例を考え出して欲しいものです．

第5章は熱力学の第二法則とそれに対する確率論の立場からの解釈を述べるのに当てられます．

私の見解は，シャノンの考え方とジェインズ (E.T. Jaynes) とカッツ (A. Katz) によるその考え方の統計力学への具現化の影響を受けています．統計力学における最も確からしい分布を計算するのにエントロピー最大の原理を用いたジェインズとカッツとは異なり，私は，熱力学的な系におけるエントロピーを計算するのにシャノンの情報測度 (Shannon's measure of information；SMI) を用いています．系の状態を記述する量[7]という概念にもとづく，エントロピーの従来の解釈とは違って，私の解釈は，シャノンの**情報測度**によるエントロピーの計算から派生します．

これは，エントロピーと第二法則の解釈に対する，新しいそしてこれまでとは大幅に異なる提案です．本書で，私は私の見解を出来る限り明確に解説し，私の解釈の利点を理解していただけるように努めました．

---

[5] 訳注：World Scientific Pub. Co. Inc. から 2008 年 1 月に出版．邦訳本はまだ出ていないようである．

[6] 訳注：k_B はボルツマン定数．

[7] 訳注：状態量という概念に対応すると考えてよいであろう．

「これまでとは大幅に異なる提案」と述べましたが，これは本当に従来とは違った見方なのです。原稿を読んでくれた人々の中には，上述の論文の査読者と同様に，私が示した理想気体のエントロピーの導出は，ザックール–テトローデ方程式[8]の単純な計算にほかならないと見なす人たちもいました。しかし，そうではないのです。

ザックールとテトローデは理想気体の量子力学的な状態数 W を計算しました。さらに，ボルツマンによるエントロピー S の定義を用いて，彼らは理想気体のエントロピーを計算しました。この手法は確かに，理想気体のエントロピーを計算する方法を与えていますが，エントロピーの解釈については何も述べていません。

本書で記述される私の手法では，W も計算しませんし，ボルツマンのエントロピー公式も用いません。その代わり，シャノンの情報測度 (SMI) を出発点として，それを理想気体を構成する粒子の位置と運動量の分布に適用します。これによって，理想気体のエントロピーを直接導くことができます——(量子力学的な状態数) W を計算することなしに。この手続きでは，SMI に対して理解されている解釈から，エントロピーに対する解釈を得ることができます。ですから，この手法はザックール–テトローデの計算とは，**大幅に違っている**のです。

どうか本書を能動的に，批判的に読んでいただきたいと思います。能動的にという意味は，ときには止まって，私が示唆する，あるいはご自分で考案する演習問題を解いて，その節の内容を十分理解したことを確認した後に，次節に進むというような読み方をしていただきたいということです。

また，批判的にというのは，お読みになる 1 つひとつの記述の正当性を常に疑問視しながら読んで欲しいという意味です。自分自身の判断と常識を道しるべに読んでください。権威の言葉を尊重するのはよいでしょうが，闇雲に受け入れるのはやめましょう —— 独りよがりにならないように！

内容，スタイル，タイトルなど何でもよいのですが，改良のためのご意見，ご批判，ご示唆があれば，遠慮なく私にお知らせください。また，エントロピーや第二法則に関する秘話や短編小説，風刺画などありましたらお送りください。本書の次の改訂版には，皆さんのご意見などを，ぜひ取り入れさせていただきたいと考えております。

---

[8] 訳注：1912 年にドイツのオットー・ザックール (Otto Sackur) とオランダのヒューホー・テトローデ (Hugo Martin Tetrode) がそれぞれ独立して導いたもので，単原子（あるいは単分子）理想気体のエントロピーを温度や粒子数，体積などの関数として表す状態方程式である。

目　次

第1章　はじめに：熱機関から，無秩序，情報の広がり，自由，…，まで　1
　1.1　第二法則の巨視的定式化 1
　1.2　エントロピーの巨視的定義 7
　1.3　エントロピーの直感的な解釈をめぐる絶え間なき永遠の探索 .. 10
　　1.3.1　エントロピーと無秩序の関連づけ 13
　　1.3.2　エントロピーと広がり/分散/分配との関連づけ 19
　　1.3.3　情報とエントロピーの関連づけ 23
　1.4　エントロピーのさまざまな解釈に対する正当性の厳格なテスト　29

第2章　エントロピーはしばらく忘れて，情報ゲームで遊んでみよう　33
　2.1　20の質問（20-Q）ゲームでウォーミングアップ 33
　2.2　一様に分布した20の質問ゲームに対するシャノンの情報測度の定義 36
　2.3　結果の数が2個の場合 41
　2.4　一般的な分布に対するシャノンの情報測度（SMI） 46
　　2.4.1　シャノンの情報測度の定義 49
　　2.4.2　関数 H のいくつかの基本的性質 52
　　2.4.3　結果の数が無限大の場合 55
　2.5　量 H のいろいろな解釈 56
　2.6　条件付き情報および相互情報 62
　2.7　本章で学んだことのまとめ 67

第3章　古典理想気体のエントロピーをシャノンの情報測度から導く　69
　3.1　理想気体における位置のSMI 71
　3.2　粒子が区別できないことによる相互情報 74

3.3	運動量のSMI	76
3.4	量子力学の不確定性関係に関連した相互情報	81
3.5	古典理想気体のエントロピー	82
3.6	エントロピー関数 $S(E, V, N)$ の基本的性質	85
3.7	第3章のおわりに	89

第4章 いくつかの例とその解釈　　93

4.1	理想気体の膨張	93
4.2	2つの理想気体の混合を含む過程	97
	4.2.1　2つの理想気体の混合	99
	4.2.2　2つの理想気体の混合と膨張	101
	4.2.3　2つの理想気体の分離と膨張	103
4.3	理想気体の融合を含む過程	106
	4.3.1　純粋な融合過程	106
	4.3.2　融合と膨張の過程	109
	4.3.3　純粋な反融合を含む自発的過程	112
	4.3.4　非局在化過程と共有エントロピー	112
4.4	重力場下における理想気体の膨張	115
4.5	速度分布の変化を伴う過程	118
4.6	分子間相互作用の効果	122
4.7	3つの興味深い過程	124
4.8	結論	127

第5章 熱力学第二法則について　　129

5.1	何が自発過程を引き起こすか？	130
5.2	何がエントロピーを増加させるか？	136
5.3	2つの領域間の熱の流れ	139
5.4	系はどのように変化したか？	140
5.5	時間の矢と第二法則の関連	149
5.6	生命は第二法則から"発生する"のか，あるいは第二法則はそれを許さないのか？	158
5.7	結論	161

付録A　　163

A.1	熱力学を公理化するためのキャレンの手順	163

- A.2 情報測度を導出するためのシャノンの手順 164
- A.3 キャレンによる"無秩序"の定式化 165
- A.4 広がり関数を導くためのレフの手順 167

注 一 覧 169
参 考 文 献 177
あ と が き 181
訳者あとがき 183
さ く い ん 185

第1章

はじめに：熱機関から，無秩序，情報の広がり，自由，…，まで

この章では，エントロピーの**概念**を導入し，熱力学第二法則のいくつかの定式化について説明する．第二法則の簡単な歴史を述べた後で，エントロピーおよび第二法則を説明し理解するためのいくつかの試みについて議論する．エントロピーという言葉が物理の術語に導入されて以来ずっと，その意味を理解しようとする努力が続けられてきた．この努力は，100年以上前に始められ，今日でもなお続けられている．

この章で，熱力学第二法則を教えるつもりはない．読者は第二法則自体をすでに学んでいるが，エントロピーや第二法則の意味に関してはまだよく理解していないものと想定している．第二法則のことを一度も聞いたことがないとしても，エントロピーが何もので，なぜそれほど多くの人々がエントロピーのことを物理学における最も不可思議な量の1つであるというのかについては関心があるものと考えている．

1.1 第二法則の巨視的定式化

私が以前に同様のテーマで書いた本 [Ben-Naim (2007)] では，第二法則の初期の定式化を記述するのに，"巨視的"という代わりに"非原子論的"という表現を用いた．この定式化は，**巨視的**な系に対してなされた観測と実験にもとづいたものである．ここで"巨視的"とは，実験室で見たり処理したりできる感知可能な物質の断片を意味する．たとえば，コップに入った水，固体金属の立方体，気体を詰めた瓶などである．そのような系に対しては，その原子論的な構成を考えることなく，系を記述し，実験を行うことができる．実際，第二法則の発見は，物質の原子的性質が科学者の間で普遍的な事実として受け入れられていない時代になされた．

伝統的に，第二法則の誕生にはサディ・カルノー (Sadi Carnot, 1796–1832)

の名前が関連づけられる。カルノー自身は第二法則を定式化したわけではないが，彼の研究は数年後にルドルフ・クラウジウス（Rudolf J.E. Clausius, 1822–1888）とケルビン卿（Lord Kelvin, 1824–1907）によって第二法則が定式化される基礎を与えた。カルノーは熱機関，特にその効率に興味をもっていた。

熱機関は，人々が従来素手と生身の筋肉でやっていた**仕事**を代わりにやってくれるものと考えられた。基本的には，"熱機関"を水力機関との類推で考えることができる。水力機関では水が高いところから低いところに自発的になだれ落ちる。その際，落下する水はタービンを回転する。この回転を，畑を耕したり，発電したりすることに利用できる。同様に，熱は高温部から低温部に自発的に流れる。そして，この熱の流れを，列車の駆動や重量物の低位から高位への引き上げに利用できる。

19世紀の科学者たちは，熱を高温側から低温側に流れる一種の流体と考え，**熱素**（*caloric*）と呼んでいた。今日では，この"熱素理論"は時代遅れと考えられている。

水の落下を再度定性的に考えてみよう。ある分量 W の水が，高度 h_2 から高度 h_1 へ落下し，それを利用して有益な仕事をすることができる。同様に，一定量の熱 Q が温度 T_2 の高温部から，温度 T_1 の低温部に"流れ落ちる"のを利用して，何らかの有益な仕事をすることができる（図 1.1）。

カルノーは熱機関の**効率**に興味をもっていた。つまり，一定量の熱が T_2 の高温側から，T_1 の低温側に流れる際に，どれだけの有効な仕事を得ることができるかという問題である。カルノーは，予想に反して，2つの温度 T_2 と T_1 の間で作動する熱機関の効率には限界が存在することを見出した。この発見は，第二法則の定式化ではなかったが，第二法則の発端のための種をまくこととなった。

カルノーのまいた種は，異なる方向に芽を出し，第二法則の異なる定式化へ

図 **1.1** 芸術家による"水の落下"と"熱の落下"の描写。

と導いた。実際，最も一般的で包括的な定式化はクラウジウスによって記述された。

基本的に，クラウジウスは，誰もが感じているように，自然界には自発的に起こり，常に一方向に向けて変化する多くの過程があることを認識した。具体例はいくらでも存在する。

- 何らかの気体を小さな箱に閉じ込めておき，ふたを開けて大きな空の箱に解放する。そうすると，どんな場合にも気体は膨張して大きな箱を満たすようになる［図 1.2(a)］。

- 2つの気体，例えばアルゴンとネオンを隔壁で区切られた別の空間に入れる。次に隔壁を取り外す。そうすると，必ず自発的な混合が起こる［図 1.2(b)］。

- 2つの同等な鉄の破片を用意し，一方は 300°C に，他方は 100°C になるように温度を設定する。2つを熱的に接触させると，熱が必ず高温物体から低温物体へと自発的に流れる。平衡に達すると 2 つの物体は一様な温度 200°C になる［図 1.2(c)］。

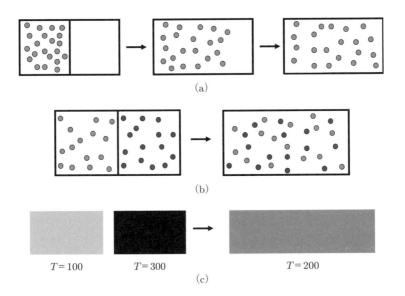

図 1.2　3つの自発的過程 (a) 気体の膨張，(b) 2つの気体の混合，そして (c) 高温物体から低温物体への熱の伝搬。

これらすべての例において，逆の過程を観測することは決してない。気体が空間の小さな領域に収縮することもないし，2つの気体が混合実験で混合された後に，自発的に分離することもない[注1,1]。また，熱が低温物体から高温物体へと流れることもない[注2,2]。

これらの，またその他の多くの過程は，常に一方向にのみ起こる。なぜか？これらの過程の展開の方向を支配する自然法則が存在するのか？ 図1.2に示されている3つの過程を，もう一度見てみよう。これらは，互いに全く異なる過程であり，すべてが同じ法則で支配されているかどうかは自明ではないことに注意しよう。むしろ，気体の自発的膨張には1つの法則が存在し，2つの気体の混合には別の法則が，また，高温物体から低温物体への熱の流れにはさらに別の法則が存在すると考える方が自然であろう。

共通の原理を認識し，これらすべての過程を支配するたった1つの法則が存在することを要請したのはクラウジウスであった。第二法則の定式化がなされる前に提案されたクラウジウスの要請は，これらの過程に関する分子論的レベルでの理解ができていなかったことを考えれば，非常に優れた業績であった。色のついた気体が膨張して，より大きな体積を満たすのを観ることができる。一滴の青インクがコップの水と混ざり，液体全体に色をつけていくのを観ることもできる。高温物体が冷え，低温物体が暖まるのを観ることもできる。これらすべては**巨視的な目**で観るのであって，何がこれらの過程を引き起こすのか，また，観測されている系の内部で何が進行しているのかはわからない。このような微視的な洞察は，科学界で物質の原子的な性質が理解されるようになって，そのような過程が起こった際に，どのような現象が進行しているのかを"微視的な目"で"観る"ことが可能になる以前には考えられないことであった。微視的な目を用いたとしても，"観る"ことと**理解する**ことは，全く別の問題である。

クラウジウスは，高温物体から低温物体への熱の流れという1つの特殊な過程から出発した。この具体的過程にもとづき，クラウジウスは新しい物理量を導入し，"エントロピー"と呼んだ。$dQ(>0)$をある温度Tの物体に流れ込む微少な熱量であるとすると，エントロピーの変化分は次のように定義される[注3]。

$$dS = \frac{dQ}{T} \tag{1.1}$$

---

[1] 訳注：原著者による注釈は巻末にまとめられている。訳注と区別するため，原著者による注釈は"注1"のように表記しておく。

[2] 訳注：ここはマクロな意味での熱の流れについての記述であり，ミクロな意味では熱的な接触がある限り，熱はどちらの方向へも流れている。時間・空間に関して平均した正味の流れとしては一方向に限定されるということである。

文字dは非常に小さな量であることを示し，Tは絶対温度である。Qはエネルギーの単位をもち，Tは温度の単位をもつ。したがって，エントロピー変化の単位は，エネルギーを温度で割ったものになる。

クラウジウスの特筆すべき業績は，1つの自発的過程から任意の自発的過程へ，非常に大きな一般化を成し遂げた点である。クラウジウスは，どのような巨視的系に対しても，彼がエントロピーと名づけた量を定義することができ，自発的過程が起こる際には，常にエントロピーが増大することを要請した。これが，熱力学第二法則の誕生であった。この法則は，物理学の術語に新たな量を導入し，同時に多くの過程を1つの傘の下に集結させることになった。

クラウジウスが第二法則を定式化して間もなく，科学者達は，いろいろな別の定式化が，互いにすべて等価であることを証明した。等価性の証明は，どんな熱力学の教科書にも見られる。図1.2に描かれた3つの過程をもう一度見てみよう。これらは，非常に異なる過程であるが，熱力学第二法則という1つの法則で支配されている。今日，我々はエントロピーの変化を容易に計算することができるし，孤立系で自発的変化が起こるときには常に，系のエントロピーが増大することを知っている。

上で述べたのは，第二法則の一般的な定式化である。わざと触れなかった専門的な問題がある。具体的には，エントロピーの概念は平衡状態の熱力学においてのみ定義されているということを述べておくべきであろう[3]。そこで，我々が自発的変化というときには，任意の状態から任意の状態への変化を意味するわけではない。初期に系は平衡状態にあると仮定する。平衡状態は，温度，体積，圧力など少数のパラメーターによって特徴づけられる。その数は，平衡状態にない系の状態を特徴づけるパラメーターの数に比べれば，はるかに少ない[注4]。

図1.2に描かれたこれら3つの過程すべてにおいて，まず制限が除去され，系は1つの平衡状態から別の平衡状態へと変化する。エントロピーは状態関数であるといわれる。これは，たとえば体積V，温度T，圧力Pを与えることで，熱力学的に正当に定義できる巨視的な系の任意の平衡状態に対して，変数V, T, Pの関数Sが存在することを意味する。この関数を$S(V, T, P)$のように表そう。もちろん，系を特徴づける変数の組として他のものを用いることも

---

[3] 訳注：歴史的には正しい認識であると考えられるが，最近の非平衡統計力学の研究では，エントロピー概念の非平衡系への拡張は，しばしば考察されているし，線形応答理論のような平衡系からずれた状態を扱う研究分野では，エントロピー生成が考えられており，それをさらに一般の非平衡状態へ拡張することも取り上げられることが多いので，エントロピーが平衡系だけのものであるとは，必ずしもいえないであろう。しかし，原著者はエントロピーが平衡系を記述する状態量の1つであるということを想定して，本書を記述している。

できる。本書では，エントロピーは平衡状態に対してのみ定義できるものとする。系が平衡にない限り，系のエントロピーに何らかの値を対応させることはしない。記号 S はエントロピーの値を表すものとしても用いるし，S を独立変数に関連づけて系を記述する**関数**を表すのにも用いる。

最も基本的な形態での第二法則は孤立系に対して定式化される。孤立系は，一定のエネルギー E，体積 V および粒子種ごとの粒子数 $\bm{N} = (N_1, N_2, \cdots, N_c)$ をもつ系である。ここで，N_i は粒子種 i（全部で c 種類あるとする）の粒子数である。そのような系に対しては，第二法則は次のように記述される。系内の何らかの制限を除去し，系が制限を受けているときの初期の平衡状態から，制限が除かれた場合の最終的な平衡状態に変化させると，エントロピーは増加する。

図 1.2 の膨張および混合過程に関して，制限は 2 つの空間を隔てる壁である。制限の除去は 2 つの空間の間の壁を単に取り除くことに対応する。熱の伝搬に関しては，制限の除去は，絶縁壁（断熱壁）を伝導壁（透熱壁）に置き換えることに対応する。化学反応の場合であれば，抑制剤の除去あるいは触媒の投入が対応する。

"エントロピー（entropy）"という用語の選択について，クラウジウスは次のように述べている[注5]。

> "重要な科学的な量に対しては，古代の言語を用いるのがよいと思う。なぜなら，現存するすべての言語において同じ意味を表すからである。そこで，私は S を，古代ギリシャ語で '**変換（transformation）**' を意味する言葉になぞらえて，物体の '**エントロピー（entropy）**' と呼ぶことを提案する。エントロピーという言葉は，意図的にエネルギー（**energy**）に似せた。というのも，この 2 つの量は，物理的意味に類似性があるからであり，名称の類似性が理解を助けると思えるからである。"

この命名の不適切性については，別のところで論じた[注6]。しかしながら，この命名がなされた当時，エントロピーの意味は明確でなかった。エントロピーははっきり定義されていたし，意味はよくわからなくても，その変化分を計算することはできた。おそらく，エントロピーに "より深い" 意味はないのかもしれない。おそらく，エントロピーは体積やエネルギーと同様，"より深い" 意味などもたない，物理量の 1 つに過ぎないのかもしれない。実際，エントロピーの概念をうまく使いこなし，その意味について，あるいは，そもそもそれが意味をもつのかどうかについて，気にしていない科学者はたくさんいる。バッティーノ（R. Battino）は次のように述べている[注7]。"$\cdots$，熱力学におけるあらゆ

る有用な関係式は，原子や分子の存在に関する知識がなくても，展開し利用することができる。"

この段階では，熱力学において明確に定義された量を手に入れたことで，満足すべきかもしれない。用語自体は適切でないかもしれないが，この言葉は100年以上も使われてきたのであるし，その意味が古代あるいは現代ギリシャ語でどんなものであろうと，これからも使われ続けるであろう。しかし，このような経験ををしたからには，大きな混乱の原因を作らぬよう，同じ用語を他の概念に再利用することのないよう，注意すべきである。このことは，まさにシャノン自身が彼の測度を "エントロピー" と命名してはどうかという示唆を受け入れてしまったときに起こったことでもある。エントロピーの意味論的な側面については，第3章でさらに詳しく論じよう。

1.2　エントロピーの巨視的定義

19世紀の終わりから20世紀の初めにかけて，物質の原子論的理論は強固に確立された。大多数の科学者は物質が原子や分子と呼ばれる小さなユニットからなると信じた——そう，その当時はまだ単に信じていただけだった。その考えを頑固に拒否し続けていた者も何人かはいて，原子や分子の存在は証明されていないと主張した。たしかに，だれも原子や分子を見てはおらず，原子や分子の存在は単なる推測に過ぎないという彼らの主張ももっともであった。

一方で，原子や分子の存在にもとづく，いわゆる熱の運動論的理論はいくつかの点で，印象的な成功を収めていた。まず，気体の圧力は，分子が容器の壁にぶつかることによって発生するという説明が成功した。次に，温度を分子の運動エネルギーとして解釈することもうまくいった。これは，物質が原子からなることのさらなる証拠となり，原子論的理解を支持する輝かしい成果となった。しかし，証明は欠けていた。

圧力も温度も観測可能な量であることを思い起こそう。我々は，そのどちらも指先で感じることができる。しかし，測定も我々の指の感覚も，これらの量が膨大な数の微小な粒子の運動に起因するものであるということのヒントを与えてくれるわけではない。

さらに，高温物体から低温物体へと流れる一種の流体のように考えられていた熱の概念も，個々の分子がもつエネルギーの形で説明された。この解釈の下では，熱力学第一法則はエネルギー保存の原理の拡張に過ぎない。この原理は物理学においては，よく知られ，よく確立したものであり，この中に今度は，エネルギーの一形態として，熱，すなわち熱エネルギーが含まれるようになるの

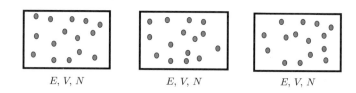

図 1.3 体積 V に閉じ込められ,全エネルギー E をもつ,N 粒子からなる系の異なる配置。

である。

かくして,熱の運動論的理論は圧力,温度,熱の概念を説明することには成功したが,エントロピーと熱力学第二法則は説明できないままに残された。

ボルツマン (L. Boltzmann, 1844–1906) はこの問題に果敢に挑戦し,エントロピーを,膨大な数の粒子からなるが,エネルギー E,体積 V および粒子数 N などの巨視的パラメーターで特徴づけられる系の**微視的状態の総数** W に関連づける説明を提唱した。

この "微視的状態の数" とは何であって,エントロピーにはどのように関連づけられるのか?

N 粒子からなる気体が体積 V の中にあるとしよう。各粒子は位置 $\boldsymbol{R}_i$ にあって,速度 $\boldsymbol{v}_i$ をもつものとする。気体は十分希薄で粒子間の相互作用は無視できると仮定すると,系の全エネルギーはすべての粒子の運動エネルギーの単純な和になる。

微視的な目をもつことができると想像してみよう。そうすると,粒子が絶え間なく飛びまわり,ときどき互いにぶつかったり,壁に衝突したりするのを見ることができるであろう。全エネルギーが一定で,すべての粒子が体積 V の箱の中にあるという要請を満たす粒子の**配置** (configurations) あるいは**配列** (arrangements) が無数にあることがわかるであろう。その配列のいくつかが図 1.3 に示されている。

配列の総数をどのように定義し,どのように計算するかという問題はさておき,その数が膨大なものであること,$N \approx 10^{23}$ 程度にもなる粒子数に比べても,はるかに膨大であることは明白である。ボルツマンは,今日ボルツマンエントロピーとして知られる,次の関係式を提唱した。

$$S = k \log W \tag{1.2}$$

ここで,k は定数であり,現在ではボルツマン定数として知られ,k_B と表記される。

これは大きな一歩前進であった。ギブス (J.W. Gibbs, 1839–1903) が,後

に統計熱力学あるいは統計力学と呼ばれるようになる，物質の分子論的な記念碑的理論を展開したのも，この公式にもとづいていた。

　ボルツマンのエントロピーは，物質の原子的理論を受け入れない人々にとってのみならず，それを受け入れている人々にとっても，たやすくは信じられなかった。批判は，エントロピーの定義よりは，熱力学第二法則の定式化の方に集中した。ボルツマンは第二法則を確率論的な法則として説明した。ボルツマン自身の言葉を借りれば[注8]，"… 状態 … が初期に秩序的なものあり，そのまま放置されたとすれば，その系は，無秩序な，最も確からしい状態へと急速に変化する。"

　"最も確からしい状態。"この記述は，初めのうち，多くの物理学者にとって衝撃的であった。確率は物理的論法にとって全く異質の概念であった。物理学は，例外を許さない決定論的な絶対的法則に立脚して構築された。第二法則の巨視的定式化は，絶対的なものであり，だれも第二法則が破れる例を見てはいなかった。これに反して，ボルツマンは，第二法則が**統計的**である，すなわちエントロピーは，**ほとんど**の時間増大しているが，常にではないと主張したのである。エントロピーの減少は不可能ではないが，非常に非常に起こりにくいだけである[注9]。

　ボルツマンが第二法則に対する確率論的解釈を提唱したときには，この法則が，他の物理法則に比べて少し**弱い**ものであるかのように思われた。すべての物理法則は絶対的であり，例外を許さない。一方，ボルツマンの定式化は絶対的ではなく，例外が許された。しかし，ずっと後になってわかったことだが，ボルツマンによる第二法則の定式化の非絶対性は見かけ上のものであり，この定式化は，実際には，第二法則およびこの種の問題に関する他の物理法則の巨視的定式化よりもはるかに絶対的なのである[注10]。

　多くの批判を受けた，ボルツマンの研究のもう1つの点は，運動方程式の可逆性と第二法則に関連した不可逆性の見かけの相互矛盾であった。第二法則のこの問題については，第5章でさらに論じよう。

　この節を閉じるにあたり，統計力学の大いなる成功，統計力学にもとづく**熱力学的諸量の計算と実験結果が一致する多数の例**にもかかわらず，今日に至るまで，不可解さの感覚は消えていないということを指摘しておこう。本書の残りの部分は，ほとんど，エントロピーと熱力学第二法則に関わる不可解さを解消することに当てられる。

1.3 エントロピーの直感的な解釈をめぐる絶え間なき永遠の探索

　熱力学の第二法則が導入されて以来ずっと，人々は単純で直感的なエントロピーの意味と，エントロピーが常に一方向にだけ変化する理由の直感的説明を探し続けてきた。長い年月の間に，無秩序，混合，カオス，広がり，無知，自由など多くの解釈が提案された。しかし，エントロピーの正しい解釈であることを証明できたものは1つとしてなかった。

　解釈に到達する典型的な手続きは，自発的過程を見て（あるいは想像してという方がより適切かも知れない），分子レベルで何が起こっているかを記述しようとするものであろう。ある記述子（descriptor）がエントロピーと同様に，常に同じ方向に変化するのであれば，それをエントロピーの解釈として結論づけることができよう。

　この理由づけの方法は，非常に抽象的に見える。そこで，単純な例に従って問題を明確にしようと思う。図1.2(a)に示されているような，理想気体の自発的膨張を考えてみよう。

　分子レベルで何が起こっているかはわかっているので，この**過程**を次のように記述することができる。

1. 系はより**秩序的**な状態からより**無秩序**な状態に変化した[4]。
2. 系のエネルギーがより小さな体積からより大きな体積に**広がった**。
3. 我々が，粒子の位置に関してもっている**情報**が減少した。あるいは，同じことだが，位置に関する情報欠損，あるいは不確実さが増加した。
4. 粒子は隔壁の除去によって，より**自由**になった。

これらはどれも，この特別な過程において起こっていることの記述として定性的に正しい。最初のものは，比較的古く，ボルツマンによって示されたものである[注8]。二番目はグッゲンハイム（E.A. Guggenheim）[注11]が最初に提唱したといわれている。また，三番目はルイス（G.N. Lewis）[注12]が明示したものである。最後のものは，ノルトホルム（S. Nordholm）[注13]が提唱した。もちろん，記述子はこれですべてというわけではない。最終状態は，初期状態に比べて，より**自然**である，より**調和**がとれている，あるいは，より**美しい**と見ることもできる。

---

[4] 訳注：気体分子が，どちらかの箱に入っていることがわかっている状態の方が，どちらにあるかわからない状態よりは秩序的であるという意味。

定性的には，**無秩序**，**広がり**，**情報欠損**の3つの記述子は，膨張過程において起こっていることを正しく記述している。(混合，構造，カオス，自由等々別の記述子も存在するが，ここでは触れない。) 主要な問題は，これらの記述子の有効性に関するものではなく，これらをエントロピーの記述子としてどのように使うかにある。エントロピーを説明しようとするほとんどの教科書では，膨張などの自発的過程で何が起こっているかを記述することから出発し，これらの記述子 —— 無秩序，広がり，情報欠損 —— のうちの1つが，エントロピーの変化と**相関**していることを正しく認識している。そしてこの相関から，これらの記述子の1つがエントロピーの記述子にもなるという誤った結論を与えるのである。このやり方は，非常に広く流布している。クラウジウスがエントロピーの概念を導入して以来，人々は，エントロピーの単純で定性的な意味を見つけようと努力してきた。この努力は，今日まで続いている。

我々が観測するものから，エントロピーが何であるかを推測する方法は，論理的な演繹にもとづくというよりは，直感にもとづいている。系で起こっている変化を記述するが，エントロピーに関連づけられない量はいくらでも考えられる。おそらく，膨張過程に当てはまる最も単純な量は，"構成粒子の分布が平衡の一様分布からどの程度離れているか" を表すものであろう。この定性的な記述は，定量化することもできる。系内の全粒子数を N としよう。また，左側の箱に入っている粒子の数を n とする。一様分布からの "ずれ" d を次式で定義する。

$$d = |n - N/2| \tag{1.3}$$

平衡状態にある粒子の最終分布が常に一様になるように，外力は働いていないものとする。

ここで，左側の箱に含まれる粒子の割合 $x = n/N$ を定義する。x の初期値に関わらず，隔壁を除去すると (すなわち，n あるいは x を一定に保つという制限を取り除くと) 次式

$$S_1(x) = \frac{1}{2} - \left|x - \frac{1}{2}\right| \tag{1.4}$$

で定義される量 $S_1(x)$ は，$x = 1/2$ での最大値に向けて増加する (図1.4)。

もちろん，x の関数として常に増加し，平衡で単一の最大値に達する関数はこの他にもたくさんある。例えば，以下のようなものがある[5]。

---

[5] 訳注：明らかに $S_4(x)$ の式は間違っている。この式は図のようには振る舞わない。以下の議論には本質的ではないと思われるので，$S_4(x)$ に関する記述は除いて考えればよいであろう。

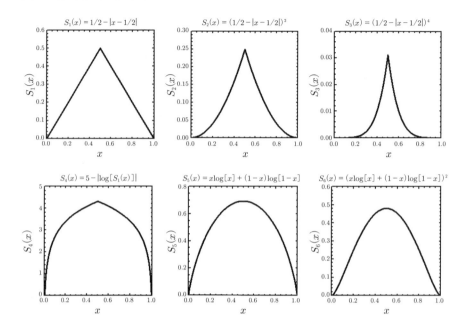

図 1.4 $x=1/2$ に最大値,$x=0$ および $x=1$ に最小値をもつ関数の例。

$$S_2(x) = [S_1(x)]^2$$
$$S_3(x) = [S_1(x)]^4$$
$$S_4(x) = 5 - |\log S_1(x)| \quad (1.5)$$
$$S_5(x) = -x\log x - (1-x)\log(1-x)$$
$$S_6(x) = S_5(x)^2$$

具体的な関数のグラフは図 1.4 に示されている。明らかに,n あるいは x の関数で,系の状態の記述に利用でき,エントロピーと同じように振る舞い,同じように変化する関数は無数にある。すなわち,$S_i(x)$ の値は常に増加して,この場合,$x_{\text{eq}}=1/2$ における平衡値に近づく。また,これらの関数のうちどれ 1 つとして,さらなる証明なしにエントロピーと同一視することはできないことも明らかである。このことは,無秩序や広がりあるいは正確に定義さえされていないが一般的に認められている情報の考え方を用いる場合も同じである。

系の状態に対する記述子からエントロピーの記述子へ格上げできるためには,その記述子が,以下の 3 つの条件を満たす必要がある[6]。

---

[6] 訳注:熱力学的観点からは,エントロピーが示量性(extensive)物理量であることも要請されるが,ここでは,その視点が欠けている。

1. 膨張などの特定の過程だけでなく，あらゆる自発的過程を記述できるものでなければならない．
2. 定量的な定義が明確でなければならない．さもなければ，状態の記述子とエントロピーの記述子との積極的な相関を主張できない．
3. 定量的な記述子の変化分は，（定数係数を除いて）エントロピーの変化分と同一でなければならない．

上述の定性的記述子は，いずれもこれらの条件を満たしていない．したがって，どれもエントロピーの記述子として使うことはできない．しかし，不思議なことに，ほとんどの教科書，辞書，百科事典などで，これらの1つをエントロピーを記述するものとして，ときにはエントロピーの定義として，いまだに使用しているのである．筆者が思うに，このようなやり方は，まったく困惑を招くものであり，エントロピー自体の不可思議さよりも不可思議である．

これらの記述子のいくつかを個々に少し詳しく論じてみよう．

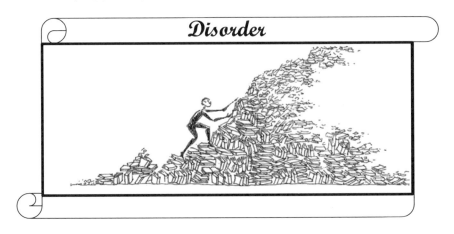

1.3.1 エントロピーと無秩序の関連づけ

エントロピーの最もよく知られた暗喩的記述であり，おそらくもっとも古く，もっとも長く生き残っている暗喩は**無秩序**（disorder）である．

最初にエントロピーと無秩序を関連づけたのは，たぶんボルツマンであった．ここに，いくつかの記述を引用する^{注8}．

> "…，系の初期状態は，…，（整然としているとか，ありそうもないとかの）特別な性質によって区別されなければならない，…"

"…，この系は時間の経過とともに，無秩序な状態をとるようになる。"

"系の取りうる状態は，ほとんどの場合無秩序な状態であるので，無秩序な状態を確からしい状態と呼んでよいだろう。"

"…，系が，…，あるがままに放置されれば，系は，無秩序な，最も確からしい状態へと急速に向かう。"

まず，これらの引用文中で，ボルツマンは "無秩序" という言葉を，系が "あるがままに放置されたときに" 起こることを記述するものとして用いていることに注意しよう。——"系は，無秩序な，最も確からしい状態へと急速に向かう。" 多くの著者たちの主張とは異なり，ボルツマンは，**無秩序とエントロピーを同一視**してはいなかったように思われる。

この段階で，一息入れ，少し個人的なことについて述べたい。以前に出版した本 (2007, 2008, 2010)[7] で，"無秩序" の暗喩を批判していたので，これから述べることは逆説的に聞こえるかもしれないのだが。ブラッシュ [Brush (1964, 1976)] による英訳で読んだボルツマンの原著論文から学んだのは，ボルツマンが，**無秩序とエントロピーを同一視している個所は1つもない**ということであった。ボルツマンは秩序（整然としていること）–無秩序という表現で，系の状態や，状態変化を記述したのである。秩序–無秩序という表現を用いたことで，ボルツマンを批判するのは的外れである。終状態を無秩序な，より広がった，より自由の多いなど，いろいろに表現できる。また，より調和のとれた，より完全な，より美しいなどの表現も選ぶことができよう。そのことは，批判の対象ではない。これは，**系の状態に対する純粋に個人的な見方に過ぎない**。

しかし，コズリアクとランバート [Kozliak and Lambert (2005)] の考えは違っている。彼らはブラッシュの本 (1964, 1976) を参照して，次のように述べている，"エントロピー変化を**秩序**から**無秩序**への変化として最初に強調したのはボルツマンであった。" そして，彼らは次のように問いかける。

"ボルツマンのように独創的思考をする人が，どうしてこのような目に余る間違いをおかしたのだろう？"

私の意見では，ボルツマンが系の状態を記述するのに秩序–無秩序という表現

---

[7] 訳注：本書では，参考文献を著者名と出版年で示している。人名が省かれているのは，著者が Ben-Naim 自身であることを意味する。参考文献リストは巻末にあるが，アルファベットで書かれているので，文献参照に限り，人名のカタカナ表記はせず，原綴りのみ記す。

を用いたことは，別に間違いではなかった．上述の著者たちが挙げている2つの文献をよく読めば，ボルツマンが無秩序とエントロピーを同一視している記述は1つもないことがわかるであろう．したがって，この批判には根拠がない．それはまた，皮肉でもある．第一に，彼ら自身が状態の記述子とエントロピーの記述子を混同しているからであり，第二に，ランバート自身が，もう1つの間違って定義された記述子である広がり！をエントロピーと同一視するというとてつもない間違いをおかしているからである．1.3.2 節で議論するつもりだが，広がりの暗喩は，系の状態の記述子としては批判すべきものでもないが，熱力学的系の実現可能な状態の総数 W の簡略化された記述子としては不完全であろう．W のように明確に定義された量に対しては，定性的な記述は不要である．

同じ論文で，これらの著者達はエントロピーに対する"秩序–無秩序"の暗喩を，"数値を考えよ！"といって批判する．以前の出版 [Ben-Naim (2007, 2008)] で，私は無秩序をエントロピーの記述に使えない理由，定性的な説明としてさえ使うべきでない理由を示した．"無秩序"が定量化されない限り，数値を考えよ！というのも意味がないであろう．このように，"エントロピーの増加を秩序から無秩序への変化として定義することは，よくて誤解を招くもの，最悪の場合は間違いであるといえる"という記述は正しい．しかしながら，上記の著者達がこの記述に到達した理由づけは，正しくないし，誤解を招くものである．

第二に，ボルツマンが自発的過程で起こっていることを記述する際には常に，**確**からしい状態という用語も用いている点に注意すべきである．過程を"引き起こす"際の確率の役割については，第5章で取り上げることにしよう．

定性的であり，定義がはっきりせず，また非常に主観的である"無秩序"という系の状態の記述子が，どのようにしてエントロピーの記述子になったのであろうか？

一般的な"無秩序"(disorder) と同様の意味をもつ記述子の中には，"非組織化"(disorganization)，"混乱"(mixed-upness)，"不規則性"(randomness)，"非構造化"(unstructuredness)，"カオス（混沌）"(chaos)，その他多くのものが存在する．これらすべては，系の状態の定性的記述子としては問題ない．固体や液体を見ている場合には，**秩序的な** (ordered) 状態と**無秩序な** (disordered) 状態の区別に困ることはない．しかし，2つの秩序的な系がある場合，あるいは2つの無秩序な系がある場合に，どちらがより秩序的な系か決められるだろうか？ 単純な例が図 1.5 に示されている．もう少し難しい例は，温度の異なる2つの物体の場合である．2つの物体を接触させ，系が熱平衡に達し，温度が一様になった後の状態を終状態として，接触前の初期状態と終状態を比較して，どちらがより秩序的か，いえるだろうか？

16 第1章 はじめに

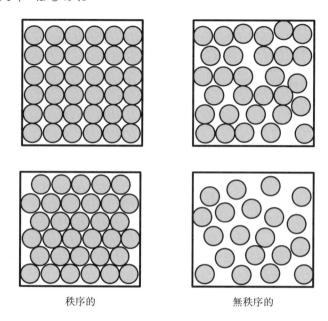

秩序的　　　　　　　　　　無秩序的

図 **1.5**　左図あるいは右図，どちらの系がより整然としているだろうか？　上と下ではどうだろう？

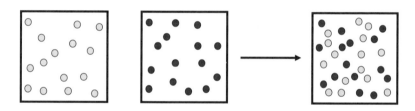

図 **1.6**　エントロピーが変化しない2つの気体の混合。

　図 1.2(b) の2つ目の過程を見てみよう．右側の方が左側より無秩序である（不規則である）ことは明らかであろう．混じり合っている方がより無秩序な（不規則な）状態であることに異論のある者はいない．しかし，図 1.6 を見ると，左側では，等しい数の粒子が入った，同じ大きさの2つの箱がある．最初の箱に入っている粒子と第二の箱に入っている粒子は異なっている．ここで，2つの系を同じ大きさの1つの箱に入れて混ぜ合わせる．右側の系は左側の系より無秩序なのだろうか？　この答えは，第4章までとっておくことにしよう．そこでは，この過程におけるエントロピー変化を論じよう．
　この他にも，2つの系のうちどちらがより無秩序であるかを決めることが，容

易でない，曖昧あるいは不可能であるような例をいくらでも考えることはできる．これは，ある状態から他の状態へ，図 1.2 に示されているような過程で，自発的に変化する 1 つの系についてもいえることである．

ここで論じられた例（および第 4 章で示されるさらに多くの例）から得られる重要な結論は，秩序（order）と無秩序（disorder）を，いつもというわけではないが，ときには 2 つの系あるいは 1 つの系の 2 つの異なる状態を比較するのに用いることができるということである．しかしながら，孤立系における任意の自発的過程で，"無秩序の度合い" が必ず増すということを示すことはできない．たとえ，それができたとしても，無秩序の程度とエントロピーを結びつけることへの疑問は消えない．この疑問に対する答えは，秩序や無秩序の概念を定量的に定義し，その量がエントロピーに等しいということを示さなければ得られない．

しかし，驚いたことに，熱力学のほとんどの教科書で，エントロピーは無秩序の測度であると説明されている[注14]．たとえば，最近よく売れている本で，アトキンス（P. Atkins）は次にように書いている[注15]．

> "エントロピーと無秩序（disorder）を同一視することにしよう"，そして "無秩序という表現を考えるとき，それはクラウジウスが使った意味で用い，エントロピーを系における無秩序の測度として理解するのが正当であることを検証しよう．"

その本を通して読んでも，この引用で約束された検証はどこにもないことがわかるし，無秩序に対するもっともらしい定義も与えられていないことがわかる[注16]．
もっと最近の本で，グリーン [Green (2011)] は次のように書いている．

> "エントロピーが大きいということは，より多くの無秩序な粒子が存在することを意味する．"

> "この法則は，…，無秩序 ── エントロピー ── が時間とともに増大することを確立した．"

"無秩序" が明確に定義されていないにもかかわらず，また，"無秩序" は系の状態を定性的に時たま記述するに過ぎないにもかかわらず，エントロピーの暗喩としての "無秩序" の概念は，100 年以上もの間，文献の中に蔓延してきた．なぜこのような現象が起きたのか，私にはわからない．おそらく，エントロピーを覆っている謎を一刻も早く解決したいという要望が大きく，人々は定性的にもっともらしいと思える暗喩なら何でもよいと考え，しがみついたので

はないだろうか。

　私の友人であるダニエル・アミット（Daniel Amit）は，私の以前の本『エントロピーがわかる』の一部を読んだ後，手紙をくれたことがある：" 私は個人的には，エントロピーがわかるようになるとは信じていない。"

　エントロピーの謎を解くことができなければ，わかるようにもならない，また，" 誰もエントロピーが何であるか知らない " ならば [注17]，誰もがエントロピーを，…，好き勝手に定義することができる。それが間違いだと指摘できる人もいないだろう！

　この節を閉じるにあたり，キャレン（H.B. Callen）の熱力学の教科書 [注18] に出てくる " 無秩序 " の1つの " 定義 " について述べておこう。

　キャレンは " シャノンの無秩序 " を次式で定義した。

$$\text{無秩序 (disorder)} = -\sum p_i \log p_i \tag{1.6}$$

　この式の右辺は明確に定義された量である。次章以降で，この量について，より詳細に調べることにしよう。ここでは，シャノンが " 無秩序 " を定義したことはないということだけいっておけば十分であろう。キャレンが定義したものは " シャノンの無秩序 " ではなく，シャノンの情報測度である。したがって，" 無秩序 " をこの式の左辺に置くのは，是認できないし，正当化もできない。キャレンの定義に関するさらに詳しい議論は本書の付録Aおよび Ben-Naim (2008) に与えられている。

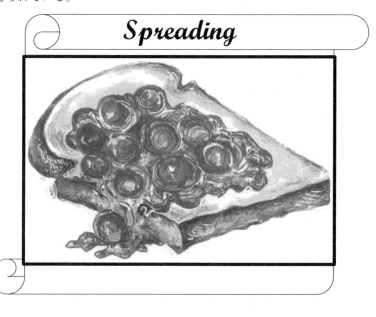

1.3.2 エントロピーと広がり/分散/分配との関連づけ

エントロピーの第 2 の記述子 "広がり" (spreading) は，おそらくグッゲンハイム [Guggenheim (1949)] によって提唱されたものである．グッゲンハイムは次式で与えられるエントロピーのボルツマンによる定義から出発した．

$$S(E) = k \log \Omega(E) \tag{1.7}$$

ここで，k は定数，"$\Omega(E)$ は孤立系に対するエネルギー E の実現可能な独立な量子状態の数を表す．" これは，Ω の正しい定義である．

後に，自分の論文で，グッゲンハイムは熱流の過程を論じ，そこではエントロピーの増加が "実現可能な状態の数の増加，より簡潔には実現可能性の増加あるいは広がりを表す" と述べている．

引用の最初の部分は正しい，すなわち，熱流という自発的過程におけるエントロピー変化は，実現可能な状態の数の増加を表す．この文章で最も重要な言葉は "数" である．2 番目の部分では，この言葉が消され，"実現可能性の増加あるいは広がり" だけが残されている．明らかに，これは Ω の変化を記述するものとしては，不十分である．それでも，文章の 2 つの部分が近接しているので，まだ容認できる．"実現可能性の増加" で彼が意図したものは "実現可能な状態の数の増加" であることは明白である．しかしながら，同じ論文の別の部分で，彼は Ω の記述に対するさらなる簡略化を行っている．

> "エントロピーが何を意味するのか一言で表せという問いには，筆者は迷わず '実現可能性' あるいは '広がり' と答える．エントロピーに対するこの描像を受け入れれば，エントロピー増大の法則に関するすべての謎は解消する．"

ここでは，"実現可能性" や "広がり" という用語が "エントロピーが意味するもの" を記述するために使われている．しかし，注意すべきは，グッゲンハイムが "実現可能性" も "広がり" も定義してはいない点である．彼は，単にこれら 2 つの用語を "孤立系におけるエネルギー E の実現可能な量子状態の数"，すなわち，エントロピーに対するボルツマンの公式に現れる Ω という量を記述するために用いているだけである．先に引用したように，"$\Omega(E)$ はエネルギー E の実現可能な，独立な量子状態の数である，…．" エントロピーを記述するために，"実現可能性" や "広がり" という 1 つの言葉だけを取り上げるというのは馬鹿げている．それは 2 つの理由で馬鹿げている．第一に，"実現可能性" も "広がり" もそれだけでは Ω を完全に記述してはいないからである．第二に，

最も重要なことなのだが，グッゲンハイムは Ω を "実現可能な状態の数" として正しく定義し，その後で Ω のより簡略な記述をエントロピーの定義に用いているからである．これは当然のことながら擁護できない．

非常に大きな数や非常に小さな数を記述するのに，対数スケールを用いるのは極めて普通なことである．たとえば，酸性度に対する pH スケールは水素イオン濃度を対数スケールで表している．同様に，リヒタースケールは地震の大きさを表し[8]，音の強度はデシベルで表される．しかし，x と $\log x$ が異なる意味や異なる解釈をもつ場合もある．V_i をある系の状態 i における体積とするとき，$k_B \log(V_2/V_1)$ は 2 つの状態の間の体積差ではない．同様に，Ω と $k_B \log \Omega$ は，互いに関連しているが，必ずしも意味は同じであるといえない．

これは，α が意味するものに対する簡略化された不十分な記述によって，$\sin(\alpha)$ が意味するものを記述しようとするようなものである．エントロピーにより近い，もう 1 つの例は，20-Q ゲーム（20 の質問ゲーム）に関連している．このゲームについては次章で論じる．ここで，Ω は対象物の数であり，その中から 1 つの対象物を選ぶことを考える．このとき，$\log \Omega$ は Ω 個の対象物の中からどの対象物が選ばれたかを当てるために必要な二値質問の数の最小値を表す．これらは数学的には対数関数によって関連づけられているものの，明らかに異なる 2 つの概念である．Ω の簡略化された記述，たとえば，"対象物の選択" を Ω を記述するのに用いるのはよろしくないし，"対象物の選択" を "20-Q ゲームで尋ねなければならない最少の質問数" を記述するのに用いることは，まったく馬鹿げている．このように，全文が与えられている限り，簡略化や 1 つの言葉，あるいは頭字語などを用いることに問題はないし，簡略化された表現が意味することを理解することもできる．しかし，全文を簡略化された表現で置き換えるのはよくない．Ω に対する定義の全文から "広がり" という言葉だけを抜き出して，エントロピーが "広がり" を意味すると学生たちに教えるのは，なおさらよろしくない．

ここで，ちょっと考えてみよう：幾何学では，角度 α は "1 つの共通点から異なる方向に伸びる 2 つの直線によって作られる図形" として定義される．同じような定義を $\log \alpha$ や $\sin \alpha$ に適用できるか考えてみるとよい．

このように，グッゲンハイムは，エントロピーの意味するものは "実現可能

---

[8] 訳注：地震が生み出すエネルギーを対数スケールで表したもの．日本ではマグニチュードと呼ばれることが多い．アメリカの地震学者チャールズ・リヒター（Charles Richter, 英語読みではリクターであるが，日本ではリヒターと表記されるのが普通）が日本の地震学者和達清夫によって作成された最大震度と震央までの距離を表す地図にヒントを得て考案した．英語圏では Richter scale が一般的．

1.3 エントロピーの直感的な解釈をめぐる絶え間なき永遠の探索   21

"性" あるいは "広がり" であると述べているが，その主張の証明となるものを提供していない．実際，まず "実現可能性" や "広がり" を，"実現可能な量子状態の数" とは異なる概念として定義しなければ，彼の主張の証明はできないであろう．しかし，これらの概念が "実現可能な量子状態の数" と同じであるならば，それは $\Omega(E)$ という量を（"一言で"）短く表現しただけのものである．$\Omega(E)$ が明確に定義された量であることも注意すべきである．また，ボルツマンによって定義された $S(E)$ も，明確に定義されている．$\Omega(E)$ の意味は，一般に $\log \Omega(E)$ の意味と異なっている．記述子としての "広がり"（spread）が最近になって掘り起こされ，多くの教科書で "無秩序" の代わりに "広がり" が用いられるようになっているのは，残念なことである．

　最近のいくつかの著作で，ランバートはエントロピーを広がりという用語で説明することを支持している[注20]．その議論は次のように要約される[注21]．

> "気体の等温膨張，気体や液体の混合，可逆的な加熱および相変化，あるいは化学反応など，どのような過程であれ，エントロピーの変化は，その過程で分子エネルギーの特定の量がどれだけより広く分散されるかの測度を表す．"

> "要するに，第二法則は「すべての形態のエネルギーは，そうなることを制限されていなければ，局在から広がりへ，すなわち空間的に分散される方向に変化する」と表現できる．"

　これら2つの文章で，著者はエントロピーと第二法則の両方を，定義されていない，曖昧な "広がり" という記述子の概念にもとづいて定義している．さらに残念なことに，24 ほどの教科書で，（エントロピーの）記述子が，1つの不明瞭な "無秩序" というものから，別の不明瞭な "広がり" あるいは "分散" に変えられてしまったのである[注21]．明らかに，"エントロピーは，…，エネルギーの分散である" というだけでは，エントロピーをエネルギー分散の測度にすることにはならない．"分散" という言葉を，"無秩序"，"情報"，"美しさ"，"醜さ" などに置き換えることもできよう．その結果として得られる記述の信頼性の度合いは，上の2つの引用と同程度であろうし，エントロピーとは何であるか，なぜ一方向に変化するのかという疑問に対する答えをわからなくするだけでなく，系がある状態から別の状態へどのように変化するのかという疑問への答えを与えることで，さらなる混乱を導入することになる．この疑問については第5章で論じることにしよう．

　コズリアクとランバートの論文 [Kozliak and Lambert (2005)] で，以下の

ような記述がある。

> 分子的な熱力学におけるエントロピー変化の唯一の適切な記述は，系のエネルギー分散が温度の関数としてどのように変化するかを表すものであり，その変化は，実現可能な微視的状態の数の変化によって測定される。

この記述において，著者達はグッゲンハイムがおかしたのと同じ過ちを繰り返している。実現可能な微視的状態の数の変化を"エネルギー分散の変化"で置き換えることはできない，ましてや"温度の関数として"などとはいえない。したがって，この記述は，エントロピーを無秩序と同一視する記述と同じように，よくいっても無意味であるし，はっきりいえば間違いで，誤解を招くものである。

1.1 節で述べたように，系の状態あるいは系の状態の変化を記述するのに"広がり"という言葉を用いることは可能である。たとえば，理想気体の膨張において，粒子あるいは粒子によって運ばれるエネルギーが，小さな体積からより大きな体積へ広がったというように定性的に記述することはできる。しかし，図 1.2(c) における平衡化された系におけるエネルギーの広がりが，平衡になる前の広がりに比べてより大きいと示すことはできない。これを説明するために，広がり関数がエネルギーの単調増加関数であることだけでなく，エネルギーの下に凸な関数であることを示さなければならない。1.4 節および第 3 章を見よ。

"広がり"の暗喩を支持する議論が定性的なものに過ぎないことに加えて，この論文には，重大な概念的誤りが含まれている。それについては，第 5 章で，第二法則と関連づけて取り上げることにしよう。ここでは，"広がり"の暗喩を受け入れることから得られるおもしろい結論を指摘するにとどめよう[注22]。

練習問題: 理想気体 [図 1.2(a)] が体積 V から $2V$ に膨張する際のエントロピー変化を計算せよ。

1. 気体の初期温度が $20°C$ の場合。
2. 初期温度が $100°C$ の場合。
3. 初期温度が $500°C$ の場合（この実験を家でやってはいけない！）。

明らかに，温度が高いほど，分子集団の全運動エネルギーも大きい。したがって，温度が高いほど，広がりに使えるエネルギーが多くなるというのは正しい。しかしながら，第 4 章で見るように，孤立した理想気体の，体積 V から $2V$ への膨張におけるエントロピーの変化は次式で与えられる。

$$\Delta S = nR \ln \frac{2V}{V} = nR \ln 2 \tag{1.8}$$

ここで，n は物質量（モル数），R は気体定数である．理想気体を扱う限り，この計算は温度が違っても同様に実施でき，この過程におけるエントロピーの変化は，温度によらず，同じ値 $nR \ln 2$ である（このことは，気体のエネルギーにもよらないことを意味する）[9]．

しかし，ランバートによれば，この過程におけるエントロピーの変化は温度にも依存しなければならない．残念ながら，これは実験とも理論計算とも一致しない．このことに関しては，第 4 章，第 5 章でさらに取り上げる．

広がりの暗喩を支持するより深刻な試みが，レフ（Leff）によって発表された[注23]．レフの論文に関する詳細な批判には立ち入らないことにする．ここで，いっておきたいことは，レフが要請しているような性質を備えた**真の "広がり関数"** が存在するとは思えないということだけである．詳しくは付録 A を見よ．

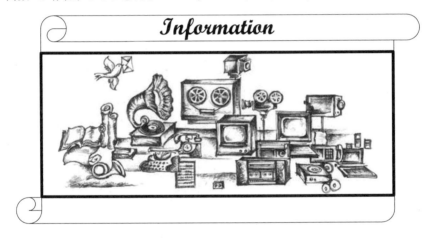

1.3.3 情報とエントロピーの関連づけ

情報（information）とエントロピーを最初に関連づけたのは，おそらく，ルイス［Lewis (1930)］であろう[注12]．

> "…，最も単純な場合，ある 1 つの分子が 2 つのフラスコのうち，どちらかに入っていなければならないとするならば，その分子を含

---

[9] 訳註：よく知られているように，理想気体の内部エネルギーは温度一定の条件下で，体積に依存しない．これは理想気体の特殊性の 1 つであるが，その意味で，ここで例として理想気体を取り上げることは注意を要する．

むフラスコがどちらであるかわかっている場合には，エントロピーが $k \ln 2$ だけ小さくなる。"

"エントロピーの増加は，常に情報の消失を意味し，それ以上の何ものでもない。"

ここに引用された文は，シャノンが情報の測度に関する論文を出版する約20年も前のものである[注25]。第二の引用文で，ルイスは"情報"という用語を日常的な意味で用いている；気体が膨張する際，我々は位置情報が失われたように感じる。この意味で，"情報"は，エントロピーの定量的な記述というよりは，系の状態の定性的な記述である。

エントロピーの**情報的**な解釈は，たぶん，最も活発な反対意見を喚起したものである。この反対意見は，**情報**の概念が曖昧で，不明確，主観的である限り，至極もっともなものである。

1948年にシャノンは"通信の数学的理論（A mathematical theory of communication）"を発表した[注25]。この論文で，シャノンは情報量あるいは情報消失あるいは任意の確率分布に関連する不確定の度合いを表す量を定義した。以下，この量をシャノンの情報測度（SMI, Shannon's measure of information）と呼ぶことにする。残念なことに，シャノンはSMIのことを"エントロピー"と名づけてしまった。このことが，エントロピーの概念を用いる際の大きな混乱の元となった。次章で，SMIが任意の分布に対して定義される，非常に一般的な概念であることを見ることになろう。一方，熱力学的なエントロピーと同じものである統計力学的なエントロピーは，非常に限られた数の分布に対してのみ定義される。以下の2つの章では，SMIの概念について説明することにしよう。

ジェインズ［Jaynes (1957)］そして後にカッツ［Katz (1967)］は，統計力学における基本的分布を導くのに，いわゆる**最大エントロピー**の原理を用いた。実際には，ジェインズもカッツも，統計力学における基本的分布を導出するのに，**最大SMIの原理**を用いた。この見かけ上の意味論的相違が，その後の大きな混乱を引き起こしたのである。以下の章で見るように，熱力学的エントロピーは，熱力学的系に関連したある種の分布関数に適用したSMIの最大値になっている。

このテーマに関する最初の論文でジェインズは次のように書いている[注26]。

"今後，'エントロピー'と'不確定性'は同義語と考えよう。熱力学的なエントロピーは，情報理論における確率分布のエントロピーと，

1.3 エントロピーの直感的な解釈をめぐる絶え間なき永遠の探索   25

> ボルツマン定数の因子を除いて同一である。"

> "…，我々はフォン・ノイマン−シャノンのエントロピーに対する表式を，文字通り，確率分布が表す不確定性の度合いに対する測度として受け入れる。かくして，エントロピーは，…，エネルギーよりも根源的な，基本的概念になる。"

私はジェインズが書いていることの精神には基本的に同意する。ジェインズが "情報理論エントロピー" と称しているものは，SMI にほかならない。このように，エントロピーと SMI という 2 つの概念は確率分布を用いて定義する際には，形式的に同じ構造をもっているのだが，2 つの概念の適用範囲には大きな違いがある。

さらに，シャノンの情報測度と情報の一般的概念の混同が，激しい論争を引き起こすことになった。たとえば，1994 年にゲルマン（M. Gell-Mann）は次のように書いている[注27]。

> エントロピーと情報は密接に関連づけられる。実際，エントロピーは無知（ignorance）の測度と見なすことができる。系が，ある巨視的な状態にあるということだけが知られている場合，巨視的状態のエントロピーは，系がどの微視的状態にあるかがわかっていない度合いを，その微視的状態を特定するために必要な付加的情報のビット数を数えることによって測るものである。ただし，その際，巨視的状態に含まれる微視的状態は，どれも等確率で実現すると仮定する。

このゲルマンの記述の内容に，私は全面的に同意する。しかし，イリヤ・プリゴジン（Ilya Prigogine）は，まさしくこの文章に関するコメントとして次のように書いている[注28]："我々は，これらの議論を支持することはできない。これらの議論は，第二法則を与えるものが，我々自身の無知であり，我々が行う粗視化であることを意味する。"

二人の偉大な科学者による，正反対の矛盾する 2 つの視点が生じた理由は，情報の**一般的**な概念とシャノンによって定義された情報に対する特定の測度とを混同したことにある。この問題については，第 3 章で詳しく論じることにしよう。

私の見解では，ゲルマンの記述は正しいし，"エントロピーは無知の測度と見なすことができる，… エントロピーは，…，無知の度合いを測る。" という注意深い表現を用いている。プリゴジンが誤解したような，"我々自身の無知" と

いうような表現はしていない。

　実際，**情報**という用語は，非常に主観的なものといえるかもしれない。しかし，情報理論の中にあって，SMIは主観的な量ではない。ゲルマンは，"無知の測度"という言葉を，"情報の欠如の測度"と同じ意味で用いている。このように，これらの表現も，系に属する客観的な量であり，客観的な量であるかどうかわからない"**我々自身の無知**"と同じではない。

　情報理論的エントロピーを主観的な情報と誤解することは，よく見られる。『第二法則』という本のアトキンスの序文から抜粋した文章[注29]を以下に示す。

> 情報理論とエントロピーの関係に関する参考文献は意図的に省略した。そのような関係に関する議論は，エントロピーが"情報"をもつことのできる，あるいは，ある程度"無知"でありうる，認識をもった主体が存在しなければ定義できないという印象を与える危険性をはらむと思われる。そうなると，すぐに，エントロピーはすべて心の問題で，結局のところ観測者の問題であると考えるようになってしまう。そのようなめちゃくちゃなことに時間を割く余裕は私にはないので，そのような形而上学的な関連づけは避けたいと思う。このため，情報理論と熱力学の類推に関する議論には触れないことにする。

　アトキンスのコメントおよびエントロピーの情報学的な解釈を，この"関係"が"エントロピーが心の問題であるという推論"を導く可能性があるという理由で，否定するという彼の考え方は，ある意味で皮肉である。代わりに彼が使っているのは，"無秩序"や"非組織化"などであるが，私の見解では，これらの方が一層"心"で決まる概念だと思われる。

　事実は，エントロピーと情報の測度との間に"**類推**"が存在するだけでなく，熱力学的エントロピーと特殊な場合のシャノンの情報測度は"一致する"のである。この点は，第3章で示されるだろう。

　混乱の理由は，"情報"という用語に対しては，無数の解釈が存在することにある。最も一般的な意味では，情報は我々が五感を使って得ることのできる任意の知識を表す。それは，主観的かもしれないし，そうでないかもしれない抽象的な概念である。たとえば，"ニューヨーク州の気象状況"に関する情報は，それを受け取る人によって，重要性，意味，価値が変わってくる。この情報は，情報理論の興味の対象ではない。シャノンが，通信線を通して伝達される情報を測る量を探し求めたとき，彼は，情報の**内容**，**価値**，**意味**などには興味がなく，伝達される情報の**分量**を測定する量に興味があったのである。したがって，

情報理論を用いる前に理解すべき最も重要な点は，"情報"と"情報のサイズ"は，円とその**直径**が2つの異なるものであるのと同様に，2つの異なるものであると認識することである。さらに，測ることのできる情報のタイプは限られていること，その情報に関連づけられる測度にもいろいろあるということも認識すべきであろう。たとえば，円，正方形，六角形などには測度を関連づけることができるが，美，平和，愛などの抽象的な概念に対して，それはできない。1つの対象物，たとえば円に対して，直径，面積，円周の長さのように異なる測度が存在する。したがって，**情報や情報の測度**について，測られる情報を特定せず，また情報と関連づける測度が何であるかを特定せずに話題にする場合は，十分に注意する必要がある。第3章でこれらの概念とエントロピーを関連づける前に，第2章で，これらの概念を明らかにすることにしよう。

『エントロピーはいかに主観的か？』（*How subjective is Entropy?*）というタイトルの本で，デンビー［Denbigh (1981)］は，エントロピーの"情報学的な"解釈を受け入れれば，エントロピーが擬人化された概念になってしまうとして，批判している。デンビーの批判は，エントロピーの解釈として情報の一般的な概念を用いるとすれば，当てはまる。しかし，エントロピーをSMIで説明する場合には当てはまらない。

1997年，ノルトホルム（S. Nordholm）は以下のような同一視を提案した[注13]。

エネルギー　⇔　富
エントロピー　⇔　自由

　この同一視において，第二法則は人類が "最大の自由" を求める傾向に対応する。ノルトホルムも最大の自由のようなものを正確に定義することは困難であることを認めてはいるが，彼は自由が "非生物物質の熱力学における 'エントロピー' の概念を人間生活の熱力学におけるそれに対応させるのにふさわしいものである" ことを信じている。

　2000 年には，ステイヤーが，"無秩序" という用語をエントロピーの記述に用いることの不適切性を論じている。彼はまた，エントロピーの直喩として "自由" を用いることを提唱している。彼の論旨は，"自由" が可能な活動の範囲を意味するように，"エントロピー" は可能な微視的状態の範囲を意味するというものである。

　ここで私がエントロピーの解釈として "自由" を持ち出したのは，すでに多数上げられている解釈の例にさらに 1 つ付け加えることが目的ではなく，エントロピーと同様の振る舞いを示す概念を取り上げ，性急にそれをエントロピーと同じものであると結論づけることがいかに容易に行われてしまうかを示すためである。

　かくして，この段階での我々の結論は，4 つの記述子 —— 無秩序，広がり，自由および（日常的な意味での）情報 —— を膨張過程のような，系のいくつかの自発的過程における状態変化を記述するのに用いることはできるが，これらの記述子のうちのどれ 1 つとして，系のあらゆる自発的過程における状態変化を記述することはできないというものである。たしかに，どれもエントロピーを記述するのには使えない。続く 2 つの章で，SMI が熱力学的なエントロピーを計算するのに利用できるだけでなく，エントロピーの解釈にも使えることを見るであろう。以下の章では，エントロピーの解釈に対する根本的に異なる手法を導入する。最初に，シャノンの情報測度（SMI）と呼ばれる量を導入する。SMI がもっともらしい解釈を与えるだけでなく，興味ある性質をもつことを知るであろう。次いで，第 3 章において，SMI が理想気体に応用された場合，理想気体の熱力学的エントロピーに対する定量的表式を与えることを示そう。このようにして，エントロピーが SMI の特殊な例であることが確立されるだろう。エントロピーは SMI のすべての性質をもち，SMI の解釈をすべて備えているのである。

1.4 エントロピーのさまざまな解釈に対する正当性の厳格なテスト

エントロピーに対する解釈，記述子あるいは暗喩の中から，何か1つを選んでみよう．この記述子 (D) が，系の体積や系のエネルギーあるいは系の総粒子数の単調増加関数になることを示すのは容易である．しかしながら，その単調増加関数が，体積，エネルギーおよび総粒子数の上に凸な関数であることを示すのは簡単ではない．

関数が上に凸でなければならないのはなぜなのか？ これを見るために，図1.7 に示されている以下の3つの単純な自発過程を考えよう．これら3つの過程すべてにおいて，同じ体積 V，エネルギー E および粒子数 N をもつ2つの領域が用意される．簡単のため，粒子間に相互作用は働いていないと仮定する，すなわち，理想気体の系であると仮定する．初期に，2つの領域の間の隔壁は，固定され，粒子の透過も熱の伝達も不可であるとしよう．そこで，次の実験を実施する．

(a) 2つの領域の間の体積交換

固定分離壁を（他の因子は変えずに）可動分離壁で置き換える．2つの部分系は同等なので，可動壁で置き換えても全系には何の（巨視的）変化も生じない．分

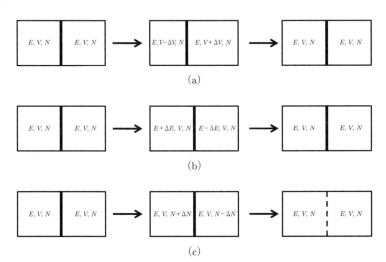

図 1.7 2つの段階からなる3つの過程．最初に，体積交換 ΔV，エネルギー交換 ΔE あるいは物質交換 ΔN として，一方の領域から他方へ移す．次に，系が新しい平衡状態へ向かうように，（自発的に）発展させる．

離壁の位置が，ゆらぐことはわかっているが，このゆらぎは極端に小さく，普通には観測されない．次に，分離壁の位置 x を右あるいは左に動かし，その後，手を放す．この第 2 の過程におけるエントロピーの変化を正確に計算することはできるのだが，ここでは，エントロピーの正確な変化分は必要ない．我々が知りたいのは，エントロピー変化の符号だけであり，それは，この場合常に正である．

さて，どれでもよいから，好きな記述子 (D) を 1 つ考えてみよう．分離壁を，例えば左に移動させると，左の領域の体積を減らし（減少分を ΔV とする），右側の領域の体積を同じ分量 ΔV だけ増やすことになる．次に分離壁から手を放し，自由に動くようにする．左側の領域では，圧力が増加しているので，分離壁は元々の位置に向かって動くだろう［図 1.7(a)］．記述子 D は，体積の単調増加関数であると仮定しているので，分離壁を自由に動くようにすると，左側の領域では D の値が減少し，右側の領域では増加する．図 1.8 には，3 つの可能な曲線が描かれている．D の体積依存性が線形であれば，自発的過程における D の正味の変化は，ゼロになる［図 1.8(b)］．D の体積依存性が下に凸であれば，D の正味の変化は負に［図 1.8(a)］，上に凸であれば正に［図 1.8(c)］なる．

結論として，D の変化がエントロピーの変化と同じ方向になるために，D は系の体積の関数として，上に凸でなければならないことになる．その場合に限って，図 1.7(a) に記述されている自発過程に対するエントロピーの正味の変化が正になる．

(b) 2 つの領域間のエネルギー交換

この実験でも，全系の初期状態は，上と同じである．まず，エネルギーを ΔE だけ，一方の領域から他方の領域へ移す．例えば，左の領域を加熱し，右の領域を冷却することによって実現する．具体的方法は重要ではない．大事なのは，

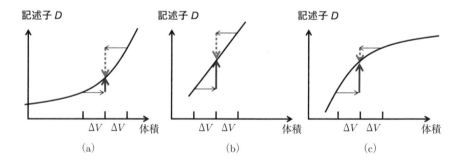

図 1.8 図 1.7 に示されている 3 つの過程における，2 つの領域のエントロピー変化（縦の矢印）．エントロピーの正の変化は実線で，負の変化は点線で示されている．

このエネルギーの移動の最終的結果として，左の領域のエネルギーが ΔE だけ増え，右の領域のエネルギーが同じ分量 ΔE だけ減るということである．各領域の体積，粒子数は変わっていない．各領域には理想気体が入っているとすれば，系のエネルギーは，粒子のもつ運動エネルギーの総和になる．この特殊な場合においては，エネルギーの変化は，系の温度変化あるいは各領域内に含まれる粒子の速度分布の変化に等価である[10]．

エネルギーを移した後，2つの領域を隔てている分離壁を伝熱壁で置き換える．何が起こるだろうか？

推測できるように，熱は高温側から低温側に，熱平衡が達成されるまで流れ続ける．平衡状態では，分離壁の両側の温度は等しくなる．この自発的過程の場合のエントロピー変化を計算するのは容易であり，それが正になることも示すことができる[注30]．

自分が選んだ記述子 D も，この過程で増加することを示せるだろうか？　量 D が系のエネルギーとともに単調に増加することが確実であるならば，左側の領域の D 値は増加し，右側の領域の D 値は減少すると結論づけることができる．全系に対する D の，この自発的過程における正味の変化が増加することを示せるだろうか？　そうなるためには，D のエネルギー依存性が上に凸でなければならない．図 1.8 を見よ．さらに詳しい議論については，第 3 章を見よ．

(c) 2つの領域間の物質交換

練習問題として，上の例と同様の実験を構築してみよう．初期状態はこれまでと同じであるが，今度は，ΔN 個の粒子を右側の領域から左側の領域に移す．実行の方法は問題ではない．例えば，左側に ΔN 個を追加し，右側から ΔN 個を取り除けばよい．大切なのは，このような変化の結果として，右側の領域の粒子数が減少し，左側の領域の粒子数が同じ分量 ΔN だけ増加するということである．

注意しなければならないのは，粒子を移動させると，必ずその運動エネルギーも移動するということである．したがって，2つの領域間の分離壁を取り除くと，粒子とその運動エネルギーがともに1つの領域から他の領域に移動する．しかしながら，最初に，同等な2つの領域から出発すれば，2つの領域の温度は等しいので，粒子を1つの領域から他の領域に移動させたとしても，温度が変わることはない[11]．したがって，自発的過程におけるエントロピー変化は，2つの領域間の，粒子の流れだけで決まると考えてよい．

---

[10] 訳注：古典的な理想気体の場合，温度は，1 粒子あたりの運動エネルギーに比例する．
[11] 訳注：ここも，温度が 1 粒子あたりの運動エネルギーに比例することを想定している．

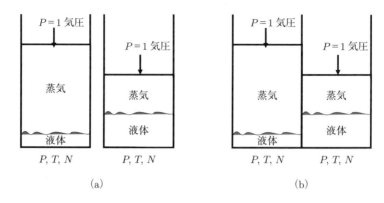

図 1.9 (a) 2つの系は P, T, N が同じで，それぞれ2つの相が平衡で存在している。(b) 2つの系を熱的に接触させる。何が起こるだろうか？

この過程におけるエントロピー変化を計算せよ。自分が選んだ記述子 D は N に関して，単調増加関数であることは確定しているものとして，D の N 依存性が，上に凸の関係にあること説明できるだろうか？ 定性的な答えでもよいので，考えてみよう。

試しに考えてみよう

図 1.7(b) の例において，2つの領域にはともに理想気体が入っているとする。(b) で述べられたのと同様に，それぞれの領域が同じ E, V, N をもつ同等のものであるとして，それらが熱平衡に移行した後，何も起こらないような実験を考えることができるか？

さらにもう1つ考えてみよう

図 1.9 に描かれている2つの系を考えよう。2つの系は，(図には記入されていないが) 同じ P, T, N をもち，それぞれ2つの相が平衡で存在している，たとえば，水と蒸気を考えればよい。P, T, N を一定に保ったまま，ΔE を右から左へ移す。ΔE は十分に小さく，エネルギーを移した後も，各系で2相の存在は継続するものとする [図 1.9(a)]。次に，2つの系を熱的に接触させると [図 1.9(b)]，何が起こるだろうか？

また ΔE を右から左へ移した後，全系のエントロピーは増えるか，減るか，変化しないか，考えよ。

第2章

エントロピーはしばらく忘れて，情報ゲームで遊んでみよう

本章では，シャノンの情報測度（SMI）の概念を導入する．この概念は，通信をはじめ，経済学，生物学，社会学その他多くの幅広い分野で有用であることが知られている．続く章では，その概念のエントロピーとの関わりを議論するが，この章では，その定義や諸性質，それから派生するいくつかの量およびSMIのいろいろな解釈について説明する．

エントロピーを理解するために基本的に重要なものであることを別にしても，SMIの概念に慣れておくことは価値がある．この概念は，非常に一般的で，定義も曖昧であり，主観的か客観的か判然としない"情報"という抽象的な概念を，科学が取り上げ，それを詳細で，客観的な，またこういってもよいと思うのだが，非常に美しい概念に醸成したすばらしい例になっている．さらにすばらしいのは，次章で見るように，エントロピー —— 真の熱力学的エントロピー —— がSMIから導かれるのである．

この章では，まず，よく知られた20の質問ゲームをやってみることから始め，次に，SMIの概念を導入し，その性質，意味などを論じることにしよう．

2.1　20の質問（20-Q）ゲームでウォーミングアップ

次のような簡単なゲームを考えてみよう．たとえば図2.1(a)に示されているような32個の「もの」の配列を見せられたとしよう．私がそのうちの1つを思い浮かべていて，あなたが私の考えている「もの」を当てなければならないとする．これはよく知られた20の質問ゲームである．実際，これはすでに縮小された20の質問ゲームになっている．通常の20の質問ゲームでは，一人が「もの」あるいは「人物」を思い浮かべ，もう一人のプレーヤーがその「もの」や「人物」を当てるために，Yes，Noで答えられる質問を次々としていく．ここに挙げた例は，与えられた「もの」あるいは「人物」のリストの中から1つを

34　第 2 章　エントロピーはしばらく忘れて，情報ゲームで遊んでみよう

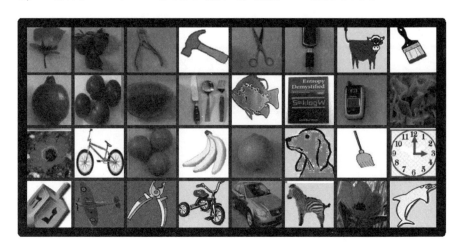

図 2.1(a)　32 の「もの」の配列。

選ぶという意味で縮小されたゲームである。この後，ゲームをより正確にするために，さらに縮小する。しかし，その前に，このゲームで我々が面している問題は，ある種の情報，すなわち"私が選んだ「もの」は何か"という情報をどのようにして手に入れるかというものであることを指摘しておこう。このゲームの主たる目的は単に失われた情報を見つけるだけでなく，最も効率よくそれを見つけるということにある。

ここでちょっと考えてみよう：20-Q ゲームで質問数を"20"にするのはなぜ？"20"に何か特別なことがあるのか？[注1]

　この文脈における"効率よく"という言葉を定量化するために，私が図 2.1(a) に挙げられている 32 の「もの」の中から 1 つの「もの」を選び，あなたが二値質問（Yes，No で答えられる質問）をすることによって，それを当てなければならないとしよう。あなたが私の選んだものを当てられたら，賞金として，たとえば 10 ドル手に入れることができるとする。また，質問に対する回答 1 つにつき 1 ドルを払わなければならないとしよう。このゲームで得られる儲けを最大にしたいと思えば，質問回数はできるだけ少なくしようとするであろう。つまり，これはあなたの儲け（賞金 10 ドルから質問の過程で支払った費用を差し引いたもの）を最大にすることに対応する。

　したがって，このゲームにおいて，効率は儲けを意味し，最大効率は最大の儲けあるいは最少質問数を意味する。

ちょっと考えてみよう：図 2.1(a) および 2.1(b) を見よ。これらの「もの」あ

図 **2.1(b)**　32 人の「人物」の配列。

るいは「人物」の集合を用いて 20-Q ゲームを行うとしよう。これら 2 つのうち，どちらがより "難しい" だろうか？　小さな子供たちがこれらのゲームを行うとして，どちらかが他方より難しいと思うだろうか？　どちらかがより難しいとするならば，どのような意味で "難しい" のだろうか？ [注2]

　直感的に，質問の仕方にはいろいろな**方法**があると考えられる。たとえば，それはバナナですか？とか，本ですか？とか，犬ですか？などと聞くことができるが，この質問方法の**戦略**は効率的とはいえないと感じるであろう。後で見るように，この戦略を取って，ゲームを何度も行えば，平均としてお金を**損す**ることになろう。

　別の質問方法には次のようなものがある。それは道具ですか？あるいは，それは動物ですか？あるいは，赤いものですか？など。この戦略は，上のものより，少しは効率的であるが，最も効率的な戦略とするには不足である。

　以下ですぐに見るように，この特別なゲームに関していえば，失われた情報をたった 5 つの質問で得られる戦略が存在する。このことは，あなたが十分賢くて，最も優秀な戦略を見つけることができたら，ゲームをやるたびに必ず儲けることができると保証されることになる。つまり，回答に 5 ドル払って，最終的な答えを見つけた際に 10 ドルを手にできるのである [注3]。驚くべきことに，情報理論は**最も優秀**な戦略を見つけるための正確な数学的手段を提供してくれるのである。

2.2 一様に分布した20の質問ゲームに対するシャノンの情報測度の定義

前節では，よく知られた 20 の質問ゲームの簡単化されたバージョンを論じた．それは，「もの」の組を明確に特定し，その中から 1 つの「もの」を選ぶという意味で簡単化されたバージョンである．伝統的な 20–Q ゲームでは，「人物」や「もの」の組を特に定めることなしに，一人の「人物」あるいは 1 つの「もの」を選ぶ．伝統的なゲームを行う際には，いろいろな「人物」の中で，ある「人物」が，あるいは，いろいろな「もの」の中で，ある「もの」が選ばれる相対確率に関する説明はしない．

今度は，20 の質問ゲームを定式化して，ゲームの正確な測度を定義できるようにしよう．この測度は，次節で，より一般的なゲームに適用されることになろう．

次のようなゲームを考えてみよう．NB 個の同等な箱がある．そのうちの 1 つに私が硬貨を隠し，硬貨が隠されている箱をあなたが当てるものとする．私は，硬貨を隠した箱を無作為に選んだことをあなたに伝える．このことは，定性的には，特別な箱はなく，特定の箱が選ばれる確率が単に $1/NB$ であることを意味する．

ゲームのこのバージョンでは，目的は硬貨が隠された箱を見つけることである．もしも，箱に番号 $(1, 2, 3, \cdots, NB)$ などのラベルがつけられていて，私が硬貨を隠したのが 4 番目の箱であったとするならば，私は硬貨の位置に関する情報をもっているが，あなたはその情報をもっていないことになる．情報は "硬貨は 4 番目の箱に隠されている" というものである．ゲームの目的はこの情報を得ることにある．情報理論の目的は，このゲームの目的の大きさに対する測度を見出すことである．

目的の測度あるいはゲームの測度を導入する前に，図 2.2 に示されている 2 つのゲームを考えよう．最初のゲームでは 8 個の箱があり，私は無作為に選んだ k 番目の箱に硬貨を隠す ($1 \leq k \leq 8$)．2 番目のゲームでは，箱の数が 16 個で，やはり無作為に選んだ k' 番目の箱に硬貨を入れる ($1 \leq k' \leq 16$)．どちらのゲームでも私は硬貨の位置に関する情報をもっているが，あなたにはその情報がない．情報理論は，この情報の内容や意味に関心はなく，むしろ，二値質問を尋ねることによってこの情報を手に入れることが，いかに容易かあるいはいかに困難かという問題に関心がある[注4]．直感的に，最初のゲームの方が 2 番目のものより容易であることは明らかである．失われた情報を見つけるために発しなければならない二値質問の数が，2 番目のゲームの場合に比べて（平

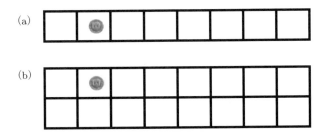

図 2.2 2つのゲーム，(a) 箱の数が8個，(b) 箱の数が16個。

均として）少ないという意味で，より容易である．

最後の文には少し説明が必要である．前節で，質問の仕方にはいろいろな**戦略**があることを指摘した．2つの極端な場合を考えよう．次のような戦略を取ったとする，すなわち，「硬貨は1番目の箱にありますか？」と聞く．答えがNoであれば，次に，「硬貨は2番目の箱にありますか？」と尋ね，またNoが答えであれば，Yesが得られるまで1つずつ箱の番号を増やして質問を続ける．後で明らかにする理由から，この戦略を"最も愚かな戦略"と呼ぶことにする．

この戦略を図2.2の2つのゲームに適用すれば，2番目のゲームにおける**平均質問数**の方が1番目のものにおけるものよりも，明らかに多いと考えられる[注5]．

ここで，私は"平均"質問数と述べた．それは，どちらのゲームをやるにしても，最初の質問でYesが得られる場合がありうるからである．しかし，第一のゲームにおいて最初の質問で勝つ確率は，1/8であるのに対し，2番目のゲームにおいて，最初の質問で勝つ確率は1/16である．したがって，この2つのゲームを，"最も愚かな"戦略を用いて行うとすれば，硬貨を見つけるために必要な質問数の**平均値**は，第一のゲームより，第二のゲームの方が大きくなる．

"最も優れた"戦略と呼ぶことにする第二の戦略は，箱を等しい数の2つのグループにわけて，「硬貨は左側のグループの中にある箱のどれかに入っていますか？」と尋ねるものである．答えがYesならば，そのグループをさらに等しい数の小グループにわけ，同じ質問を繰り返す．答えがNoの場合は，右側のグループを小グループにわけて，同じ質問をする．2つの戦略は，図2.3(a)および(b)に図示されている．

すぐにわかるように，第二の戦略を採用すれば，最初のゲーム［図2.2(a)］においては3回目の質問で，また2番目のゲーム［図2.2(b)］においては4回目の質問で，必要な情報が得られる．この場合にも，最初のゲームに比べ，2番目のゲームの方が，より多くの質問を必要とするという意味で，より"難しい"

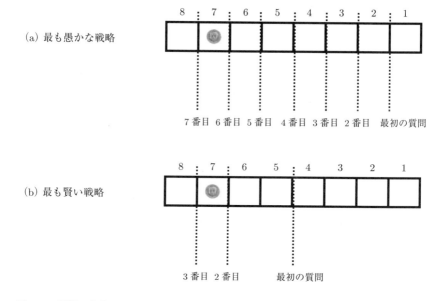

図 2.3　質問の仕方に関する 2 つの戦略：(a) "最も愚かな" 戦略と (b) "最も賢い" 戦略。

ことがわかる。

上の例から 2 つの結論が導かれる。

まず，どのゲームにおいても，図 2.2 の (a) であれ (b) であれ，"最も賢い" 戦略は，"最も愚かな" 戦略より "効率的" である。必要な情報を手に入れるために尋ねなければならない質問の数が "平均として"，より少ないという意味でより効率的なのである。この種の質問を "賢い質問" と呼ぶことにしよう。

第二の結論は，箱の数が多いゲームは，箱の数が少ないゲームに比べて，硬貨を見つけるための質問の数が多くなるということである。

これらの 2 つの結論は，図 2.2 に示されている特定の例に対して導かれた。しかし，これらの結論の適用範囲はもう少し広いことがわかる[注6]。ここでは，定性的なもっともらしい説明を述べるにとどめよう。N 個の等価な箱を用いるゲームを考えよう（すなわち，硬貨を入れる箱の選び方は無作為で，どの箱にも同じ "チャンス" あるいは同じ確率が付与されるものとする）。特に，N は正の整数 n を用いて，次のように表せる場合を考えることにする。

$$N = 2^n \tag{2.1}$$

この場合，質問の仕方に関する 2 つの戦略は以下のようになる。

2.2 一様に分布した20の質問ゲームに対するシャノンの情報測度の定義

最も愚かな戦略：
1. 硬貨は1番目の箱の中にある？
2. 硬貨は2番目の箱の中にある？

等々，…。

最も賢い戦略：第1段階では，全ての箱を半数ずつのグループにわける（これは N を式 (2.1) のように選んでおけば，必ず可能である），そして「硬貨は右側の箱にあるか？」（「左側の箱にあるか？」でもよい）と尋ねる。

最も賢い戦略をとれば，硬貨の在りかを n 回目の質問で知ることができるということは，直感的に明らかである。理由は簡単で，各段階で，箱は常に同数の2つのグループにわけられ，各段階での2つのグループのサイズは次のようになるからである。

最初の数： $\qquad N = 2^n$

第 1 段階： $\qquad (N/2 = 2^{n-1}, N/2 = 2^{n-1})$

第 2 段階： $\qquad (N/4 = 2^{n-2}, N/4 = 2^{n-2})$

$\vdots$

第 $(n-1)$ 段階： $\quad (1, 1)$

第 n 段階： $\qquad$ 硬貨の在りかがわかる。

このように，$N = 2^n$ の場合には，ちょうど n 番目の段階で，硬貨の在りかがわかる。n は次式で与えられる。

$$n = \log_2 N = \log_2 2^n \tag{2.2}$$

一方，"最も愚かな"戦略を用いる場合は，各段階における箱のグループ分けを次のように行う：

最初の数： $\qquad\qquad N = 2^n$

第 1 段階： $\qquad\qquad (1, N-1)$

第 1 段階が不成功ならば

第 2 段階： $\qquad\qquad (1, N-2)$

$\vdots$

第 $(N-2)$ 段階が不成功ならば

第 $(N-1)$ 段階に到達する： $\quad (1, 1)$

第 N 段階で正答を得る。

定性的に明らかなことは，"最も賢い" 戦略において，正答までの段階の数（すなわち，質問の数）は $\log_2 N$ の程度になるということである．一方，"最も愚かな" 戦略の場合，段階数（すなわち質問数の平均値）は N 程度になる．より正確にいえば，平均の質問数は $N/2$ になる[注6]．図 2.4 は，硬貨を見つけるために必要な質問の平均数を，2 つの戦略の場合に，N の関数として描いたものである．どちらの戦略でも，質問の平均数は N の関数として増大するが，"最も愚かな" 戦略の場合の方が，"最も賢い" 戦略の場合に比べて，増大の仕方は，はるかに急速である．このことが，2 つの戦略を "最も賢い" 戦略および "最も愚かな" 戦略と名付けたゆえんである．2.3 節で見るように，"最も賢い" 戦略を選択した場合には，"最も愚かな" 戦略を選択した場合よりも，我々は各段階でより多くの情報を手に入れる．各段階で得られる情報が多ければ，より少ない数の質問で必要な情報が得られることになる．もちろん，この 2 つの極端な戦略の中間的効率をもつ多くの戦略が存在する．ここでは，"最も賢い" 戦略に着目し，それを使って，ゲームの "サイズ"，あるいは必要な情報の "サイズ" を定義することにする．

ゲームの "サイズ" の測度として，対象物の数 N を選ぶこともできた．N が大きいほど，ゲームはより難しくなる．同様に，ゲームのサイズの測度として，N^2 や N^{10} あるいは $\exp[N]$ を選んでよかったのかもしれない．しかし，以下の選択は特別に単純な解釈を与える：

N 個の同等な結果からなる任意のゲームあるいは実験に対し，シャノンの情報測度 (SMI) を次式で定義する．

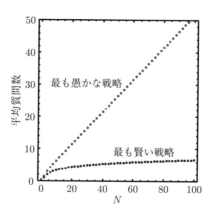

図 2.4 "最も愚かな" 戦略および "最も賢い" 戦略の場合における，正答に至るまでの平均質問数を N の関数として描いたもの．

$$SMI = \log_2 N \tag{2.3}$$

N が 2^n の形である特殊な場合について見てきたように，SMI は，硬貨の入った箱を見つけるための最も賢い戦略における必要な二値質問の数でもある．いい換えれば，N 個の結果からなる実験の最も一般的な場合において，SMI は，どの結果が実現したかを知るために尋ねなければならない質問の数である．

一休みして考えてみよう：数 N と SMI は対数関数によって関連づけられている．この 2 つは概念的に異なっている．一方は結果の**数**であり，他方は**質問の数**である．この 2 つの概念の違いは，エントロピーを論じる際，重要になる．

これまで，N が 2^n（n は整数）の形である場合だけを扱ってきた．もっと一般的な N の場合にも，SMI を式 (2.3) のように定義することは可能であるが，その場合，SMI は必要な質問数と厳密な意味では等しくない．箱の数 N が任意の場合にも，その N が連続する 2 のべき乗の間に入るような n を常に見出すことが可能である，すなわち，

$$2^n \leq N \leq 2^{n+1} \tag{2.4}$$

練習問題：例として $N = 30, 100, 200$ を取り上げ，式 (2.4) を満たすような n の存在を確かめよ．

たとえば，N が 10 であるとすると，

$$8 = 2^3 \leq 10 \leq 2^4 = 16 \tag{2.5}$$

このように，箱の数 N が任意の場合には，空の箱を付け加えて，N に近い 2^n の形にすることが常に可能である．そのようにしても，質問の数は 1 つ増えるだけである．したがって，非常に大きい N に対しては，n と $n+1$ の違いを無視して，SMI を "賢い" 質問の数と見なしてもよいことになる．

2.4 節において，本節で得られた結論を非一様分布の場合に一般化する．その前に 1 つの重要な点を明確にしておく必要がある：1 つの質問で得られる情報はいくらになるのだろうか？　次節で，この点を説明する．

2.3　結果の数が 2 個の場合

$N = 2$ の場合を考えよう．箱の数は 2 つしかない．そして，そのうちの 1 つに硬貨が隠されている．ゲームのプレーヤーは，二値質問をして，硬貨の在りかを見つけなければならない．この場合は，明らかに，1 つの質問をするだけで，硬貨の在りかを知ることができる．このことは，前節の結論と一致するよ

うに思われる．すなわち，$\log_2 N = \log_2 2 = 1$なので，1つの質問で十分なのである．しかし，注意すべきは，この特殊な場合においては，第一の箱および第二の箱に硬貨が入れられる確率については何もいっていない点である．その確率がいくらであろうと，硬貨の在りかを知るためには，1つの質問をしなければならない（当面，どちらかの箱に硬貨を入れる確率が0あるいは1である場合は除外しておく）．

しかしながら，直感としては，確率分布が対称でない場合［すなわち，2つの箱に対する確率が$(1/2, 1/2)$ではない場合］には，確率分布が対称的な場合に比べ，より多くの情報を持っているように感じるに違いない．この点を明確にするために，別の実験を考えてみよう．

面積がAである板に向けて，ダーツを投げるとしよう．板は面積がそれぞれA_1およびA_2の2つの領域にわけられているものとする．ただし，$A_1 + A_2 = A$であるとする．ダーツが板上のどこかの点に当たったことは告げられるが，どちらの領域かは知らされない．また，ダーツは無作為に投げられ，板上のすべての点が等価と考えられるものとする．したがって，領域1に当たる確率は$p_1 = A_1/A$，領域2に当たる確率は$p_2 = A_2/A$で与えられ，$p_1 + p_2 = 1$が成り立つ．確率分布(p_1, p_2)は与えられているものとし，ダーツが板上のどこかに当たったことも知らされているとして，ダーツが2つの領域のどちらに当たったかを見出すことが要求されるとする．

以下の3つの場合を考えてみよう：

(a) 対称分布：　　　　　$(1/2, 1/2)$
(b) 非対称分布：　　　　$(p, 1-p)$,　$(0 < p < 1/2)$
(c) 極端な非対称分布：　$(0, 1)$

これら3つの場合は図2.5に示されている．最初の場合には，ダーツの当たった場所を知るために，1つの質問が必要である．第三の場合には，質問をする必要がない．分布$(0, 1)$が与えられるということは，ダーツが右側の領域に当たることを知っているのと等価である，すなわち，ダーツの当たった場所を知っていることになる．分布が$0 < p < 1/2$となる中間の場合には，第一の場合よりはより多くを，また第三の場合よりはより少なく"知っている"と感じるであろう．一方で，第三の場合を除けば，ダーツの場所を知るために必ず1つの質問をしなければならない．したがって，一般的な$(p, 1-p)$の場合には，"情報"の量を表すのに，"質問の数"を用いることができない．"質問の数"で情報を定量化するためには，ゲームのルールを以下のように変更しなければならない．

今回も，ダーツが板のどこかに当たったことは知られていて，分布$(p, 1-p)$

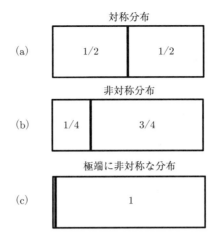

図 2.5 板を2つの領域に分割するわけ方として考えられる3つの場合，(a) 対称的な場合，(b) 非対称な場合，(c) 極端に非対称な場合。

が与えられている，すなわち，面積 A_1 と A_2 がわかっている。プレーヤーは，1つの領域を選び，ダーツがそこにあるかと訊く。もしも答えが Yes なら，プレーヤーの勝ちであるが，答えが No なら，ダーツがもう1つの領域にあるかと尋ねる。この場合は，確実に答えは Yes である[1]。

このゲームと前のゲームとの違いは単純である。前のゲームでは，2つの可能性しかない場合，最初の質問だけで，答えが何であろうと，ダーツの場所が"わかる"。しかし，変更されたゲームでは，答えが No の場合，もう1段 "確認" の過程が必要である。もちろん，最後の答えは必ず Yes になるが。

今度は，変更されたゲームで質問の数を計算してみよう[注7]。

対照的な場合，第一段階で Yes を得る確率は 1/2 であり，No を得る確率も 1/2 である。したがって，対称分布の場合における平均の質問数は

$$\frac{1}{2} \times 1 + \frac{1}{2} \times 2 = 1\frac{1}{2} \tag{2.6}$$

となる[2]。つまり，平均として 1.5 個の質問が必要になる。

極端な非対称分布の場合は，たった1つの質問，すなわち，"ダーツは右側に

---

[1] 訳注：このゲームでは，Yes が得られるまで，質問を続けることになる。
[2] 訳注：Yes を得るまでの質問数が1つとなる確率が 1/2，2つとなる確率が 1/2 であると考える。

あるか？"という質問だけをすればよい。答えは確実に Yes である。この場合は，確認の質問だけでよいことになる。

中間の場合は，$(p, 1-p)$ が与えられ，$0 < p < 1/2$ である。そこで，最初の質問を "ダーツは右側にあるか？" にすれば，Yes を得る確率が $(1-p)$ になる。したがって，この場合の Yes を得るまでの平均の質問数は

$$(1-p) \times 1 + p \times 2 = 1 + p \tag{2.7}$$

となる。

この結果は，$0 < p < 1/2$ に対して，最初の質問を，当たる確率がより高い方からする限り（すなわち，$0 < p < 1/2$ の場合には，確率が $(1-p)$ で与えられる方を選ぶ限り），平均質問数が 1 と 1.5 の間になることを意味している。もしも，確率の低い方を最初の質問に選べば，平均の質問数は

$$p \times 1 + (1-p) \times 2 = 2 - p \tag{2.8}$$

になる。

もちろん，質問数をできるだけ少なくしたいならば，最初の質問は常に，確率の高い方の領域を選ばなければならない。そのように選択すれば，平均質問数は p の関数として図 2.6 のようになる。この関数は，以下のような意味で我々の期待と一致する。

p が 0 または 1 の場合，我々はダーツがどこに当たったかを知っている。したがって，前節のルールを当てはめれば，我々は質問をする必要がない。本節の変更されたルールに従えば，1 つだけ質問をしなければならない。確認の質

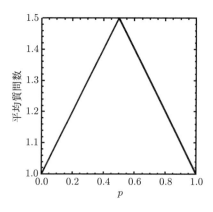

図 **2.6** 2 つの結果からなる変形されたゲームにおける平均質問数。

問である.一方,分布が対称である場合には,ダーツの位置に関して一切ヒントがないことになり,質問数も多くなる.1回はダーツの位置が2つのうちのどちらかにあるかという問いであり,答えがNoであれば,再度確認の問いを発しなければならない.このため,平均として1.5個の質問をする必要がある.他の一般的な分布 $(p, 1-p)$ の場合における位置情報とその確認のための平均質問数は,1と1.5の間になる.この結果は,我々の直感と矛盾しない.この特別なゲームでは,対称分布の場合の知識は,ダーツの位置を知るための助けとなる情報を何も与えてはくれない.そのため,ダーツの位置を知るために,より多くの努力,すなわち,より多くの質問を必要とする.分布が非対称であればあるほど,我々はより多くの情報を手にするので,ダーツの位置を知るための努力も少なくて済むのである.極端な分布の場合,すなわち $(0, 1)$ あるいは $(1, 0)$ の場合には,ダーツの位置を知るための情報はすべてもっていることになり,質問数も最少で済む.この場合はたった1つ,確認の質問だけでよい.

上で述べたことは,すべて非常に定性的である.$p = 1/2$ で最大になり,$p = 0$ および $p = 1$ で最小となる関数はいくらでも考え出すことができる.これらすべての関数は失われた情報量の測度や実験の結果に関する我々の期待に適合する.分布が非対称なほど,実験の結果に対する予測はより確実に(あるいは,不確実性がより少なく)なる.いい換えれば,分布がより非対称であれば,実験の結果に関して失われた情報の量は,より少なくなる.

シャノンは,任意の N 個の結果が存在する場合や結果の分布が任意の場合にも適用できる,より一般的な情報測度を定義した.一般的な定義については次節で論じることにしよう.ここでは,2つの結果からなる場合に対するシャノンの情報測度を導入する.それは次式によって定義される[注8].

$$SMI(p) = -p \log_2 p - (1-p) \log_2 (1-p) \tag{2.9}$$

この関数の形は図2.7に示されている.それは,$p = 1/2$ に最大値をもち,$p = 0$ と $p = 1$ で最小になるという性質をもっている.次節で,さらに一般的な場合の関数 $SMI(p)$ を議論することにしよう.ここでは,特に対数の基底を2に選べば,$SMI(p)$ の最大値は次のように計算されることに注意しておこう.

$$SMI\left(p = \frac{1}{2}\right) = -\frac{1}{2}\log_2 \frac{1}{2} - \frac{1}{2}\log_2 \frac{1}{2} = 1 \tag{2.10}$$

この値はビット(bit;binary digit(二進数字)の略)と呼ばれる情報量の単位として使われている.頻度は少ないが,他の単位としては,$\ln 2 = \log_e 2 = 0.693$ ナット(nat)や $\log_{10} 2 = 0.301$ バン(ban)(ハートリーと呼ばれることもある)などがある.2.4節で見るように,結果の数や確率分布が任意である,より

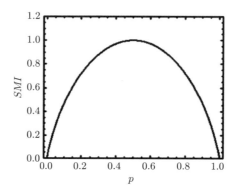

図 **2.7**　2 つの結果からなる場合の SMI。

一般的な場合に対してもビットは最も便利な選択である。

2.4　一般的な分布に対するシャノンの情報測度（SMI）

　1948 年にシャノンは "A mathematical theory of communication"（通信の数学的理論）というタイトルの記念碑的論文を発表した。その論文の 6 節で，シャノンは次のように書いている。

> 　実現確率が $p_1, p_2, \cdots, p_n$ で与えられる n 個の事象の組を考えよう。これらの確率はわかっているが，どの事象が実現するかに関して我々が知っているのはこれらの確率だけであるとする。事象の選択にどれだけの"選び方"が含まれるか，あるいは，結果に関して我々がいかに不確実であるかを測る測度を見出すことはできるだろうか？
>
> 　そのような測度があるとして，仮に $H(p_1, p_2, \cdots, p_n)$ で表すことにすると，それに対して以下のような性質を要請するのは合理的であろう。
>
> 1. H は p_i の連続関数でなければならない。
> 2. すべての p_i が等しければ，すなわち $p_i = 1/n$ である場合には，H は n の単調増加関数でなければならない。どの事象も実現確率が等しい場合には，可能な事象の数が多いほど，より多くの選び方，あるいはより多くの不確実性が存在する。
> 3. ある選び方が 2 つの連続した選び方に分解される場合，もとの H

2.4 一般的な分布に対するシャノンの情報測度（SMI）

は個々の H の値の重み付き和の形に表されなければならない．

次にシャノンは，この3つの要請を満たす唯一の関数 H は次の形のものであることを証明した．

$$H = -K \sum p_i \log p_i \tag{2.11}$$

本書では，シャノンの情報測度（SMI）と呼ぶことになるこの量 H の**導出**は扱わない．本章では，SMI の**性質**と情報測度としての**意味**だけを説明することにしよう．熱力学との関連は第3章で議論する．ここでは，熱力学に触れることなしに，式 (2.11) で定義される量 H を調べることにする．シャノンの論文から，もう1段落を引用しよう．

> "この定理およびその証明に必要な仮定は，ここで展開される理論に決して必要なものではない．それらは，主として，後に出てくるいくつかの定義に，ある種のもっともらしさを与えるために導入されている．これらの定義の真の正当化は，むしろ，それらの意味するものの中に存在している．
>
> $H = -K \sum p_i \log p_i$ の形の量は，情報理論の中で，情報，選び方，および不確実性の測度として中心的な役割を果たしている（定数 K は測度の単位を決めているだけである）．H の形は，統計力学のある種の定式化でエントロピーとして定義されているものを想起させるであろう．この場合，p_i は系が相空間のセル[3] i で表される状態にある確率になる．その際，H は，たとえば，有名なボルツマンの H 定理に現れる H に対応する．$H = -K \sum p_i \log p_i$ を確率の組 $p_1, \cdots, p_n$ に対するエントロピーと呼ぶことにしよう．"

シャノンが H を "情報，選び方，および不確実性の測度" と記述している点は，特に注意すべきである．これらすべては，式 (2.11) で定義される H という量の妥当な解釈である．さらにシャノンは続けて述べている，"H の形は統計力学のある種の定式化でエントロピーとして定義されているものを想起させるであろう．この場合，p_i は … 確率になる．"

上で引用したのはシャノンの論文のほんの一部である．論文のほとんどの部分は，通信理論に関するもので，暗号化と解読法の問題，情報の伝達効率，などが述べられている．

---

[3] 訳注：cell は細胞を意味するが，日本語でもセルと表記しておく．

読者の皆さんは，ぜひとも上記の引用文を注意深く読んでいただきたい。いろいろな記述の詳細を理解する必要はない。しかし，SMI と熱力学の関連性を理解するためのいくつかの本質的な点には注意すべきであろう。

まず，シャノンが問題を確率分布 $p_1, \cdots, p_n$ によって定式化した点である[注9]。彼は，結果の中にどれだけの "選び方" や "不確実性" が含まれるかを表す測度を求めていた。そして，後に量 H を "情報，選び方，および不確実性" の測度と呼んだ。2.4.3 節で，量 H に関するこれらの意味をさらに論じることにしよう。

シャノンは，情報の一般的概念に対する測度を求めていたのではなく，単に確率分布に含まれる，あるいは関連づけられる測度を求めていただけである。

第二に，シャノンは，そのような測度が存在すると仮定して，そのような測度がもつべき 3 つのもっともらしい性質を提唱した。2.5 節で，それらの性質とそのもっともらしさを論じることにしよう。ここでは，存在するかどうかわからなくても，ある量を求め，見出す "手法" について読者の注意を促した。

最後に，シャノンは熱力学全般に，あるいは特にエントロピーに興味をもっていたわけではないことに注意して欲しい。しかしながら，彼は "H の形はある種の統計力学の定式化で定義されるエントロピーの形を想起させる" ことに着目した。したがって，彼は H を "確率の組 $p_1, \cdots, p_n$ に対するエントロピー" と呼ぶことを示唆したのである。

実際，関数 H の形は統計力学で使われるエントロピーの形と同じである。しかし，H の形が統計力学のエントロピーの形と同じであるからといって，H がエントロピーであるということにはならない。SMI およびエントロピーのいくつかの性質を学んだ後に，第 3 章でこの点をさらに論じることにする。当面は，エントロピーに触れることなしに，SMI を調べることにしよう。ただし，読者は，SMI の概念の多くの応用の中に，エントロピーの概念も含まれるという事実だけは認識しておいて欲しい。

シャノンの情報測度は非常に一般的な概念である。それは，**任意の分布関数**に関して定義される。サイコロを投げたときの結果，あるいはある言語におけるアルファベット文字の出現頻度など何でもよい。これは，H を定義しうる分野が膨大であることを意味し，このため，SMI は非常に多くの研究分野で有用なツールになったのである。

第 3 章で見るように，エントロピー[4]は，狭い範囲の確率分布について定義されているに過ぎない。H が統計力学で用いられる分布に適用されれば，統計力学的なエントロピーに一致するのである。したがって，エントロピーは SMI の

---

[4] 訳注：統計力学で用いられるエントロピー。

一例であるといって問題ない。いい換えれば，統計力学的エントロピーはSMIの特殊な場合であるが，SMI自体は，一般的には，エントロピーではない。残念なことに，両者の混同は世の中に満ちあふれている。この混乱の原因は，恐らく，フォン・ノイマンがシャノンに，量 H を"エントロピー"と名付けるように示唆したことにある。第3章を見よ。

本書では，式 (2.11) で定義される量をシャノンの情報測度 (SMI) と呼ぶことにする。この関数の一意性を形式的に証明することは扱わない。代わりに，式 (2.11) で定義される量の性質および意味を考察することにしよう。

2.4.1　シャノンの情報測度の定義

シャノンによって展開された情報の数学的理論においては，ランダム変数 X とそれに対応する確率分布 $p_1, \cdots, p_n$ から出発する。ここでは，少し簡単な言葉を使うことにしよう。X はある実験を表すとする，たとえば，サイコロをころがす，硬貨を投げるなどの実験である。この実験の結果を $A_1, A_2, \cdots, A_n$ によって表す。事象 $A_1, \cdots, A_n$ の組は完全 (complete) であるとする。これは，実験を実行した際，1つの事象だけが必ず実現することを意味する。図 2.8 は単位面積をもつ板が，互いに排他的な5つの領域に分割されていることを示している。それらをすべて加え合わせたものは板全体を丁度覆っている。これらの事象の実現確率はわかっていて，次の条件を満たす。

$$\sum_{i=1}^{n} p(A_i) = 1 \tag{2.12}$$

すなわち，A_1 あるいは A_2 あるいは $\cdots A_n$ のうちのどれかは確実に実現する。各事象の対を考えた場合の相互の排他性の仮定は，任意の i, j に対して，次のように表される。

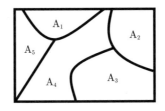

図 **2.8**　面積 $A(=1)$ の板が，$A = \sum A_i$ が成り立つように面積 A_i の5つの領域に分割される。

$$A_i \cdot A_j = \phi \qquad (2.13)$$

ここで，$A_i \cdot A_j$ は 2 つの事象の重なり，すなわち，A_i と A_j が同時に起こることを意味する．ϕ は実現確率が 0 である "空の事象" を表す，つまり

$$p(A_i \cdot A_j) = p(\phi) = 0 \qquad (2.14)$$

例えば，サイコロを 1 つ転がす実験では，6 個の結果 (1,2,3,4,5,6) がありうる．サイコロが公正なものである，すなわち，よくバランスのとれたものであるならば，このゲームの確率分布が，$p_1 = p_2 = p_3 = p_4 = p_5 = p_6 = 1/6$ となる．この場合は，分布が "一様" であるといえる．一方，"ダーツが A_i に当たった" という事象は一様ではない．

定性的にいえば，分布を "知ること" は，実験に関して何らかの "情報" をもつことと等価である．シャノンが提示した問題は，この情報の "サイズ" をどのようにして測りうるかというものである．

シャノンの情報測度について詳しく述べる前に，次の単純な例を考えてみよう．私が硬貨を投げ，その結果を見る．そして，あなたが，その結果を**推測**するものとしよう．正しく推測できれば，賞金を手にし，そうでなければ何も得られないとする．

以下の 2 つの場合を考えよう：

A. 私はあなたに，硬貨は "公正" であると告げる．つまり，確率分布は一様で，"表 (head)" が出る確率 (H) も "裏 (tail)" が出る確率 (T) も 1/2, 1/2 である．
B. 私はあなたに，硬貨は "不公正" である，すなわち，片側が重くしてあって，2 つの結果の確率分布が，H および T それぞれに対して，1/100 および 99/100 であることを告げる．

直感的に，B の場合の方が，A の場合より多くの情報をもっていると感じるであろう．しかし，より多くの情報とは，どういう意味であろうか？

このゲームをやってみることにしよう．私が硬貨を投げ，あなたが結果を推測する．A の場合は明らかに，結果を正しく推測する確率が 50%である．一様分布に含まれる情報をいくら上手に使っても，賞金を得るチャンスを拡げることはできない．別のいい方をすれば，一様分布は何らかの "有利な" 結果を示唆することはない．一様分布が与えられるということは，我々が使うことのできる情報はないというのと同じである．もしもゲーム A を多数回やる場合には，結果 H あるいは T を無作為に推測するしかない．この場合は，平均とし

て，やった回数の約50%で賞金を獲得することになるだろう。

一方，ゲームBの場合は，分布に含まれる**情報**を，自分の有利なように利用することができる。この特殊な場合には，結果がTであると推測する方が，Hであると推測するより賢いことになろう。このことは，毎回のゲームで必ず正しい答えを推測できると保証するものではない。しかし，ゲームBを多数回実施し，常にTに賭ければ，平均としてやった回数の約99%で賞金を手にできるであろう。ここで，このゲームを少し一般化してみよう。結果HとTに対し，確率分布$(p, 1-p)$が与えられたとするとき，どのように推測するのがよいであろうか？ $p=1$，つまり$1-p=0$であれば，明らかに，結果がHであると確実にわかる。この場合には，実験に関して最大の情報をもっているといえる。今度は，$p=9/10$であるとしよう。この場合，結果を確実に知っていることにはならないが，結果がHとなる方が，Tとなるより確からしいといえる。もしも$p=7/10, 1-p=3/10$であるとすれば，やはりHとなる方がTとなるよりも確からしいが，前例に比べ，確実性の度合いは低く（あるいは不確実性の度合いは高く）なる。また，$p=1/2, 1-p=1/2$（一様な場合）であれば，確実性の度合いは最も低く（あるいは，不確実性の度合いは最も高く）なる。次に，$p=3/10, 1-p=7/10$であるとしよう。この場合は，一様な場合より確実性の度合いは高くなる。結果はTであると推測するべきで，そうすれば，実施した回数の70%で勝つことができよう。また，$p=1/10, 1-p=9/10$の場合は，常にTを推測すれば，実施した回数の90%で勝つであろう。さらに$p=0, 1-p=1$の場合は，結果がTであることがわかっているので，Tを推測すれば，100%勝利することになる。この場合は，最大の情報が与えられたといえる。

このように，pが0から1/2まで変化し，$1-p$が1から1/2に変化すると，実験結果に関する確実性の度合いは"確実"から最小値へと変化する（あるいは，不確実性の度合いが最大値へと変化する）。pが1から1/2に変化する際も同様である。

シャノンはもっと一般的な分布，たとえば$p_1, \cdots, p_n$で与えられるような分布に含まれる情報の測度を探した。例として，硬貨がn個の箱の1つに隠される場合を考えよう（図2.9）。p_iがi番目の箱に硬貨が隠されている確率を表すものとして，分布$p_1, \cdots, p_n$が与えられているとする。

2.1節の引用からわかるように，シャノンは情報の一般的概念から出発した。情報は，主観的なものもあれば客観的なものもある，おもしろいものも，つまらないものも，場合によっては無意味なものもありうる。また，重要な情報もあれば無用な情報もある。そこで，彼はある種の情報だけに限定することにした，

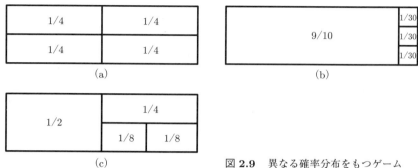

図 2.9 異なる確率分布をもつゲーム

すなわち，確率分布に含まれる情報である．次に，シャノンは自問する．ある実験（あるいはランダム変数，あるいはゲーム）があったとし，その結果に関する確率分布がわかっているとしたら，そのような情報を測ることができるだろうか？ この疑問に答えるために，シャノンは次のように議論を進めた．もしもそのような測度が存在するとしたら，それは 2.1 節に挙げられているようないくつかの性質 —— 妥当と思われる性質を満たさなければならない．

期待される関数に対する，これらの妥当と考えられる要請をもとに，シャノンはそれらの要請を満たす唯一の関数は次のような形のものであることを証明した．

$$H(p_1,\ldots,p_n) = -K\sum_{i=1}^{n} p_i \log p_i \tag{2.15}$$

ここで，K は正の定数である．本章では，$K=1$ と置くことにし，対数の基底としては 2 を用いる．第 3 章およびそれ以降では，K をボルツマン定数に選び，対数も自然対数を用いることにする．通常の熱力学の文献において習慣的に用いられるエントロピーの単位と一致させるためである．K に何を選んで，対数の基底をいくつにするかは，量 H の**性質**や**意味**に影響しないことは明白である．単に H を測定する際に選ぶ単位に影響するだけである．この章では，シャノンが用いた記号 H を用いることにするが，他の章では，記号 SMI を H の代わりに用いる．

2.4.2 関数 H のいくつかの基本的性質

2 つの結果からなる硬貨を投げるゲーム（コイントスのゲーム）を最初に扱おう．確率分布は $(p, 1-p)$ であり，この場合に対する関数 H は次式で与えら

れる（図 2.7）。
$$H = -p\log_2 p - (1-p)\log_2(1-p) \tag{2.16}$$

見てわかる通り，この関数は 1 変数 p の連続関数である。また，この関数は $p = 1/2$ に最大値をもつ。H の p に関する微分は
$$\frac{dH}{dp} = -\log_2 p + \log_2(1-p) \tag{2.17}$$
である。最大値の条件は
$$\frac{dH}{dp} = \log_2 \frac{1-p}{p} = 0 \tag{2.18}$$
で与えられ，簡単化すれば
$$p = 1 - p \tag{2.19}$$
となる。したがって，最大値を取る p の値は
$$p_{\max} = \frac{1}{2} \tag{2.20}$$
である。また，H の最大値は
$$H_{\max} = H(p_{\max}) = 1 \tag{2.21}$$
となる。さらに，H の p に関する 2 階微分も調べると，
$$(\log_e 2)\frac{d^2 H}{dp^2} = -\frac{1}{1-p} - \frac{1}{p} = -\frac{1}{p(1-p)} \leq 0 \tag{2.22}$$
であることがわかる。

2 階微分は常に負となり，関数が上に凸であることがわかる（図 2.7）。

量 $p\log_2 p$ は p が 0 に近づくとき，やはり 0 に近づくことに注意せよ。このことはロピタルの定理によって容易に確かめることができる，すなわち，
$$\begin{aligned}\lim_{x\to 0}(x\log x) &= \lim_{x\to 0}\frac{\log x}{1/x} \\ &= \lim_{x\to 0}\frac{\frac{d}{dx}(\log x)}{\frac{d}{dx}\left(\frac{1}{x}\right)} = \lim_{x\to 0}\frac{\frac{1}{x}}{-\frac{1}{x^2}} = 0\end{aligned} \tag{2.23}$$

次に，一般的な場合を扱う。n 個の可能な結果を含む実験を考える。確率分布は $p_1, \cdots, p_n$ で与えられるとする。式 (2.15) で定義される関数 H は以下のような性質をもつことを示そう。

関数 H の連続性

対数関数は連続なので，関数 H はすべての変数 $p_1,\cdots,p_n$ に関して連続である。また，それらの変数に関して微分可能な関数でもある。

H は上に凸で，最大値をもつ

関数 H の上に凸な性質は一般的な場合にも容易に証明できる。関数

$$H = -\sum_{i=1}^{n} p_i \log p_i \tag{2.24}$$

が条件

$$\sum_{i=1}^{n} p_i = 1 \tag{2.25}$$

の下で最大値を取る条件を求めるには，ラグランジュの未定乗数法を用いる。補助的な関数を次式で定義する。

$$F(p_1,\cdots,p_n) = H(p_1,\cdots,p_n) + \lambda \sum_{i=1}^{n} p_i \tag{2.26}$$

最大値の条件は，すべての p_i に対し

$$(\log_e 2)\frac{\partial F}{\partial p_i} = -\log p_i - 1 + \lambda = 0 \tag{2.27}$$

となる[5]。したがって，H が最大となる分布は次のようになる。

$$p_i^* = e^{(\lambda-1)} \tag{2.28}$$

式 (2.28) を式 (2.25) に代入すれば，

$$1 = \sum_{i=1}^{n} p_i^* = ne^{(\lambda-1)}$$

を得る。したがって，H を最大にする分布は，すべての i に対し，

$$p_i^* = \frac{1}{n} \tag{2.29}$$

となる場合であることがわかる。この場合が最大値であることは

$$(\log_e 2)\frac{\partial^2 F}{\partial p_i^2} = \frac{-1}{p_i} \leq 0 \tag{2.30}$$

すなわち，H が上に凸な関数であることから理解される。

確率分布が $p_i^*,\cdots,p_n^*$ である場合の H の値は，次のように計算される。

---

[5] 訳注：多変数関数なので，微分は偏微分に置き直した。原著のミスプリントを一部修正してある。

$$H(p_i^*, \cdots, p_n^*) = -\sum p_i^* \log p_i^* = -\sum \frac{1}{n} \log \frac{1}{n} = \log n \quad (2.31)$$

このように，H はすべての p_i が等しい場合，すなわち $p_i^* = 1/n$ であるときに最大値を取り，その最大値 $H = \log n$ は n の単調増加関数であることがわかる。これが，シャノンによって要請された第二の性質である。

H の無撞着性

シャノンによって提唱された第三の性質は，関数 H の**無撞着性**と呼ばれることもあるし，事象のグループわけの独立性と呼ばれることもある。この要請は，直感的には少しわかりづらい。それは基本的には次のように記述される：分布 $(p_1, \cdots, p_n)$ が与えられている場合の情報量は，この情報を獲得するために選ぶ経路や段階数に依存しない。いい換えれば，その情報を得るために用いられる手法や段階数に関わらず，同じ量の情報が得られる。この性質を最も一般的な形で定式化することは必要ない。代わりに，結果を 2 つのグループにわける場合を議論しよう。このようなグループ分けは，本質的に，20-Q ゲームを行うのと等価であることがわかる。

すべての可能な結果を 2 つのグループにわける場合，H の無撞着性は非常に単純なものになる。たとえば，n 個の可能な事象 $A_1, A_2, \cdots, A_n$ があるとしよう。これらの事象の 1 つが起こったとして，どの事象が起こったのか見つけなければならないとする。n 個の全事象を 2 つのグループ，たとえば，

$$(A_1, A_2, A_3, A_4) \quad \text{と} \quad (A_5, A_6, \cdots, A_n)$$

にわけたとしよう。

最初のグループを G_1，第二のグループを G_2 と呼ぶことにする。無撞着性の要請は，元のゲームに関連した情報と G_1 と G_2 からなるゲームの情報にそれぞれのグループに関連した平均の情報を加えたものは同じになることを意味する。20-Q ゲームの言葉で表せば，このことは，最初に事象 G_1 と G_2 のどちらが起こったかを見つけ，次いで，グループ G_1 あるいは G_2 の中で，どの事象が起こったかを見つけることに対応する。無撞着性原理は，もっと一般的に定式化され，元の事象を 2 つあるいはそれ以上のグループにわける任意のわけ方の場合にも適用される。さらに詳しいことは，Ben-Naim (2008) を見よ。無撞着性の要請の意味については，2.5 節でもう少し詳しく論じよう。

2.4.3 結果の数が無限大の場合

可付番無限個の可能性がある場合への拡張は簡単である。まず，有限個の一

様な分布の場合は次のようになることに注意する。

$$H = \log n \tag{2.32}$$

ここで，n は可能性の数である。$n \to \infty$ の極限を取ると，

$$H = \lim_{n \to \infty} \log n = \infty \tag{2.33}$$

となる。

この結論は明らかである。無限個の可能性の中から1つを見つけ出さねばならないとすれば，無限個の質問が必要になる。

非一様分布に対しては，量 H は次式で表される級数が収束するか発散するかに応じて存在する場合もあればしない場合もある。

$$H = -\sum_{i=1}^{\infty} p_i \log p_i \tag{2.34}$$

連続分布の場合はやっかいである注10。離散的な場合から出発して，連続極限に進むならば，困難に直面することになる。この問題をここで論ずるのはやめておこう。ここでは，シャノンによる取り扱いにならって，確率密度関数 $f(x)$ が存在している場合の連続分布を考えることにしよう。離散的な確率分布に対する H の定義の類推で，連続分布に対する量 H を定義する。$f(x)$ を確率密度分布とする，すなわち，$f(x)dx$ がランダム変数 x を x と $x+dx$ の間に見出す確率を表すものとすると H は次のように定義される。

$$H = -\int_{-\infty}^{\infty} f(x) \log f(x) dx \tag{2.35}$$

同様の定義を n 次元分布関数 $f(x_1, \cdots, x_n)$ に対しても適用できる。

第3章で，理想気体のエントロピーを導出する際，定義式 (2.35) を用いる。

2.5 量 H のいろいろな解釈

量 H を定義し，そのいくつかの性質を考察したので，次にこの量の2,3の可能な解釈を論じることにしよう。元々，シャノンは彼が定義しようとした量を，"選択"，"不確実性"，"情報"，および"エントロピー"と呼んだ。最後のものを除いて，どの呼び名もある種の直感的意味合いをもっている。エントロピーについては，この節で扱わないが，最初の3つについて，簡単な例を挙げて論じよう。

n 個の箱が与えられ，そのうちの1つだけに硬貨が隠されていると告げられ

2.5 量 H のいろいろな解釈　57

るとする．また，2つの事象 "硬貨が箱 k_1 の中にある" と "硬貨が箱 k_2 の中にある" は互いに排他的であり（すなわち，硬貨は1つより多くの箱に入っていることはない），n 個の事象は完全である（すなわち，硬貨はどれか1つの箱に確実に入っている）こと，箱の選択は無作為に行われた（すなわち，確率は $1/n$ で与えられる）ことを告げられるとする．

"選択" という呼び名は，この特別なゲームにおいては，硬貨を入れるべき箱を n 個の中から選ぶ必要があるという意味で容易に理解できる．明らかに，$n = 1$ ならば，選ぶべき箱は1つしかないので，選択の量は0である．硬貨はその箱に入れるほかない．n が増加するに従って，n が大きいほど，硬貨を入れるべき箱の "選択" の余地は大きくなることも明らかである．非一様な確率分布の場合に，H を "選択" の量として解釈することは少しわかりづらい．例えば，10個の箱の確率が $9/10, 1/10, 0, \cdots, 0$ であるとすると，一様分布の場合に比べ，選択の可能性は少なくなることは明らかである．しかし，一般的な非一様分布の場合，"選択" という解釈は満足のいくものではない．この理由で，H の "選択" という解釈は採用しないことにする．

"情報の測度" という呼称は，明らかに直感的にはより適切であるように思われる．もしも，硬貨がどこに隠されているか見つけるようにいわれたら，専門外の人にとっても，"硬貨がどこに隠されているか" に関する**情報が不足している**ことは自明であろう．また，$n = 1$ の場合には，何の情報も必要ないことは明らかである．硬貨がその箱の中にあることはわかっているからである．n が増えると，我々に不足している情報，すなわち失われた情報の量も増える[注11]．この解釈は，非一様分布の場合にも容易に拡張できる．明らかに，分布の非一様性はどんなものであれ，問題に関する情報を増す，あるいは失われた情報の量を減らすだけである．例で見たように，失われた情報の減少は，二値質問の数がより少なくなることに対応する．実際，前節で掲げられた H のすべての性質は，H を失われた情報の量と解釈することと矛盾しない．たとえば，2組の独立な実験（あるいはゲーム）に対し，失われた情報の量は，2つの実験に関する失われた情報の和になる．2つの実験に相関があれば，1つの実験における事象の実現は，第二の実験における結果の確率に影響する．この場合，1つの実験に関する情報をもっていることは，第二の実験に関する失われた情報の量を必ず減らすことになる．2.7節を見よ．

H を "情報" として解釈することも，直感的にはもっともらしいように見える．実際 H は失われた情報を手に入れるために，我々がしなければならない平均の質問数に等しいからである．例えば，n を増やせば，聞くべき質問の数も必ず増える．さらに，一様分布からのずれはどんなものであれ，平均質問数

を減少させる。

　有用と思われる H に関する解釈は，もう2つある．1つは，H の意味を**不確実性**の量であるとするものである．この解釈は，確率の意味から導かれる．$p_i=1$ あるいは $p_i=0$ の場合，我々は事象が必ず起こるか，あるいは絶対に起こらないか**確実**にわかる．一方，$p_1=9/10, p_2=1/10, p_3,\cdots,p_n=0$ であれば，不確実性が0であった前例に比べ，明らかに不確実性が増している．分布が一様に近づけば，結果に関する不確実性が増し，分布が厳密に一様になったとき，不確実性が最大になることも明らかである．H は結果を知ったときに取り除かれる平均の不確実性であるということもできよう．"不確実性" の解釈は，前節で論じたすべての性質に対応している．

　H の解釈として，最も適していて単純なのは，20-Q ゲームの言葉を用いたものである．

　確率分布 $p_1,\cdots,p_n$ をもつ n 個の可能な結果があるとして，この分布をもつ 20-Q ゲームの難しさはどの程度であろうか？　ここでやろうとしているゲームは，n 個の箱のうちの1つに硬貨を隠すゲームと等価であるが，こちらの方が，結果の分布の意味を**理解**しやすい．

　面積 A の板を $1,2,\cdots,n$ と番号づけられた n 個の領域に分割し，それぞれの面積が $A_1,A_2,\cdots,A_n$ であるとしよう．その板にダーツを無作為に投げる（例えば，目隠しして投げると考えればよい）．板のどこかの点にダーツが当たったこと，およびすべての領域の面積を教えられて，二値質問だけが許される条件で，ダーツが n 個の領域のどこに当たったかを見出すように要求されたとする．質問数が少ないほど，正解（ダーツの当たった領域をいい当てる）を得たときの賞金が多いものとしよう．

　この場合，どのように質問をしていくのがよいだろうか？

　第一に，ダーツが板に当たったこと，および板上のすべての点が同じ確率で当たる可能性があることはわかっている．このことは，$1,2,\cdots,n$ のどれか1つにダーツが当たっている確率が1であることを意味する．

　さらに，すべての板上の点が同等の確率をもっているので，領域 i に当たっている確率は単純に A_i/A に等しいと考えるのが妥当である．この面積比を，ダーツが領域 i に当たっている確率の**定義**であると思ってよい．たとえば，図 2.9(c) にあるように4つの領域にわけられたとすると，このゲームの確率分布を次のように見積もることができる，$(1/2,1/4,1/8,1/8)$．つまり，結果 i（すなわち，ダーツが領域 i に当たるという結果）の実現確率は $p_i=A_i/A$ である．

　明らかに，面積 A_i を知ること，いい換えれば結果の分布を知ることは，質問の仕方に関する戦略を立てる際の参考になる．この特別なゲームに関する戦略

を論じる前に，図 2.9 に示されている 2 つの極端な場合を考えよう。

(a) の場合では，すべての面積 A_i が等しい。したがって，どの領域も同じ確率をもつ，$p_i = 1/4$。つまり，結果の確率分布は $(1/4, 1/4, 1/4, 1/4)$ である。
(b) の場合では，確率分布が

$$p_1 = \frac{A_1}{A} = \frac{9}{10}, \qquad p_2 = p_3 = p_4 = \frac{1}{30}$$

であると告げられる。

どちらのゲームがより容易であろうか？ この問題に答えるのが難しいならば，実際にこのゲームをやってみて，質問の仕方の戦略をいろいろと変えて"実験してみる"とよい。

すぐにわかると思うが，ゲーム (a) の場合の最もよい戦略は，4 つの領域を 2 つのグループ，例えば $(1,2)$ と $(3,4)$ にわけるというものである。どちらのグループにダーツがあるかわかったら，次にもう 1 つだけ質問するだけでダーツの在りかをいい当てることができる。一方，(b) の場合は，もっとよい方法がある。ダーツは領域 1 にあるかと訊けば，Yes の回答を得る確率は $9/10$，No の確率は $1/10$ である。

明らかに，この 2 つのゲームを多数回行えば，必要な質問の回数は，(b) の場合の方が (a) に比べ，平均として少なくなるだろう。図 2.9 のケース (c) は (a) と (b) の中間になる。

3 つのゲームに対する SMI は：

$$SMI\left(\frac{1}{4}, \frac{1}{4}, \frac{1}{4}, \frac{1}{4}\right) = 2$$

$$SMI\left(\frac{9}{10}, \frac{1}{30}, \frac{1}{30}, \frac{1}{30}\right) = 0.627$$

$$SMI\left(\frac{1}{2}, \frac{1}{4}, \frac{1}{8}, \frac{1}{8}\right) = 1.75$$

となる。これらの結果は，期待したことと矛盾しない。これは，もちろん数学的な証明とはいえず，単にもっともらしい議論をしただけである。

練習問題：結果として SMI が 0 になるような，$(x, \frac{1-x}{3}, \frac{1-x}{3}, \frac{1-x}{3})$ の形の確率分布を見出すことはできるか？

練習問題：結果として SMI が 1 になるような，$(x, \frac{1-x}{3}, \frac{1-x}{3}, \frac{1-x}{3})$ の形の確率分布を見出すことはできるか？

本節を閉じる前に，以下の質問について考えることを勧める。

(a) 今日はどんな天気か？
(b) 今日は何をしようとしているのか？
(c) どんな種類のゲームをやろうとしているのか？
(d) そのゲームにおける失われた情報は何か？
(e) その失われた情報を得るにはどうすればよいか？
(f) 質問の仕方の戦略としてどんなものを用いるべきか？
(g) 質問の仕方の最良の戦略は何か？
(h) 最良の戦略を選んだ場合，必要な質問の回数は平均としていくらになるか？
(i) 熱力学的な系が，どの微視的状態にあるかを見つけるために，平均として何回質問をする必要があるか？

どの質問に対する答えも何らかの**情報**を与えることに注意せよ．質問 (a), (b), および (c) に対する回答は，一般的な情報を与えるが，質問 (d), (e), (f) および (g) に対する回答は，20-Q ゲームに関する情報を与える．質問 (h) に対する答えは 20-Q ゲームに対する SMI そのものである．質問 (i) に対する答えはエントロピーに関連している（第 3 章を見よ）．

最後に，以下の質問について，簡単に論じておこう．

一般的な確率分布を与えられた場合の質問の仕方に関して，最良の戦略はどんなものだろうか？

この質問に対する答えは SMI の意味を理解するために重要ではない．エントロピーを理解するのに重要でないことは確かである．にもかかわらず，ここにこの質問をもってきたのは，それがやる価値のある練習問題だからである．

a, b, c, d で表される 4 つの領域があるとしよう [図 2.10(a)]．最良の戦略とは，必要な情報を最も少ない数の質問で手に入れられるものであることを思い起こそう．最少の質問数で必要な情報を得るためには，毎回の答えで最大の情報量が得られるように質問を選ばねばならない．そこで，一般的な分布 (p_a, p_b, p_c, p_d) の場合には，2 つのグループへのあらゆる可能な分割を見てみる．そのすべての分割は，以下の表に示されている．

分割	分布	SMI
$p_a; (p_b, p_c, p_d)$	$(p = p_a, 1 - p = p_b + p_c + p_d)$	0.97
$p_b; (p_a, p_c, p_d)$	$(p = p_b, 1 - p = p_a + p_c + p_d)$	0.72
$p_c; (p_a, p_b, p_d)$	$(p = p_c, 1 - p = p_a + p_b + p_d)$	0.61
$p_d; (p_a, p_b, p_c)$	$(p = p_d, 1 - p = p_a + p_b + p_c)$	0.81
$(p_a, p_b); (p_c, p_d)$	$(p = p_a + p_b, 1 - p = p_c + p_d)$	0.97
$(p_a, p_c); (p_b, p_d)$	$(p = p_a + p_c, 1 - p = p_b + p_d)$	0.99
$(p_a, p_d); (p_b, p_c)$	$(p = p_a + p_d, 1 - p = p_b + p_c)$	0.93

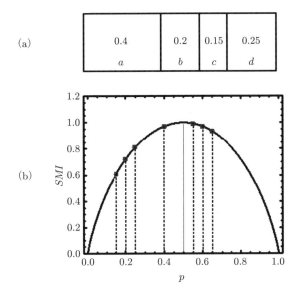

図 2.10　(a) 4 つの結果からなるゲーム，(b) 結果を 2 つのグループに
わける，あらゆる可能な分割に対する SMI の値。

これらの分割のそれぞれに，1 つの二値質問が対応する。各質問に対して得
られる情報量が $SMI(p, 1-p)$ である。すべての分割に対する SMI の値を計
算しておいて，SMI が最大になる分割を選べばよい。このようにして，第一
段階における最大の情報を得る。以降の段階でも同様の方法を続ければよい。

例：図 2.10(a) に示されている分布が与えられているとしよう，

$$p_a = 0.4, \quad p_b = 0.2, \quad p_c = 0.15, \quad p_d = 0.25.$$

表に上げられた各分割に対する SMI の値を計算する。この場合は，次の
分割を採用するのがベストであろう：$(p_a, p_c); (p_b, p_d)$。この分割に対しては，
$SMI = 0.9928$ であって，ほぼ 1 に近い。図 2.10(b) には，4 つの結果を 2 つ
のグループに分割するすべてのわけ方に対する SMI の値が示されている。同
じ図に，SMI が最大値 1 をとる場所も示されている。

練習問題：100 の領域があり，確率分布が

$$p_1 = \frac{9}{10}, \quad p_2 = p_3 = \cdots = p_{100} = \frac{1}{990}$$

で与えられるとき，最初の質問どのように行えばよいだろうか？

SMI（シャノンの記号では *H*）の解釈としては，他にもいくつかある．特に，*H* の意味として，"エントロピー" の測度や無秩序の測度を用いることについて，再度取り上げよう．最初のものは，非常に誤解されやすい用語である（第 3 章を見よ）．第二のものは，非常に一般的に用いられてはいるが，問題の多い解釈である．これは，第一に，"秩序" および "無秩序" というのは，曖昧な概念だからである．秩序と無秩序は，美しさと同様，非常に主観的な言葉であり，見る人の見方に依存する．第二に，情報量が，我々が秩序や無秩序という言葉で理解するものと相関していない例を多数挙げることができるからである [Ben-Naim (2008) を見よ]．

2.6 条件付き情報および相互情報

本節では，SMI から導かれる 2 つの重要な量を定義する．それは，条件付き情報 (conditional information) と相互情報 (mutual information) である．これらの量は，互いに独立でない 2 つ以上のランダム変数に対する SMI を解釈する際，大変有用となる．ランダム変数に馴染みが薄ければ，2 つのゲームあるいは実験，X と Y を想定するとよいであろう．

最初に，確率分布

$$p_X(i) = p\{X = x_i\} \quad \text{および} \quad p_Y(j) = p\{Y = y_j\},$$

$$(i = 1, 2, \ldots, n, \ \text{および} \ j = 1, 2, \ldots, m)$$

をもつ 2 つのランダム変数，X と Y を考えよう[注12]．簡単のため，$n = m$ を仮定する．$p(i, j)$ で事象 $\{X = x_i\}$ と $\{Y = y_j\}$ 同時に起こる確率を表す．確率分布 $p(i, j)$ に対して定義される H 関数は，次式で与えられる．

$$H(X, Y) = -\sum_{i,j} p(i,j) \log p(i,j) \tag{2.36}$$

周辺確率 (marginal probability)[6] は以下のように定義される．

$$p_i = \sum_{j=1}^{n} p(i,j) = p_X(i) \tag{2.37}$$

および

$$q_j = \sum_{i=1}^{n} p(i,j) = p_Y(j) \tag{2.38}$$

---

[6] 訳注：多変数の確率を，1 つの変数の確率に集約したもの．他の変数に関わらない（他の変数は何でもよいという条件下での）1 つの変数の実現確率を表す．

ランダム変数 X および Y に関連した SMI は（和はすべて 1 から n までにわたる）

$$H(X) = -\sum p_X(i) \log p_X(i) \tag{2.39}$$

$$H(Y) = -\sum p_Y(j) \log p_Y(j) \tag{2.40}$$

で与えられる。$\sum_{i=1}^n p_i = 1$ および $\sum_{i=1}^n q_i = 1$ を満たす，任意の 2 つの確率分布 $\{p_i\}$ および $\{q_i\}$ に対し，次の不等式が成り立つことを証明できる[注 13]。

$$H(q_1, \cdots, q_n) = -\sum_{i=1}^n q_i \log q_i \le -\sum_{i=1}^n q_i \log p_i \tag{2.41}$$

式 (2.36) から (2.40) を用いれば，以下の関係式を導くことができる。

$$\begin{aligned}
H(X) + H(Y) &= -\sum_i p_X(i) \log p_X(i) - \sum_j p_Y(j) \log p_Y(j) \\
&= -\sum_{i,j} p(i,j) \log p_X(i) - \sum_{i,j} p(i,j) \log p_Y(i) \\
&= -\sum_{i,j} p(i,j) \log[p_X(i) p_Y(j)]
\end{aligned} \tag{2.42}$$

不等式 (2.41) を 2 つの確率分布，$p(i,j)$ と $p_X(i) p_Y(j)$ に適用すれば，

$$\begin{aligned}
H(X,Y) &= -\sum_{i,j} p(i,j) \log p(i,j) \\
&\le -\sum_{i,j} p(i,j) \log[p_X(i) p_Y(j)] \\
&= -\sum_i p_X(i) \log p_X(i) - \sum_j p_Y(j) \log p_Y(j) \\
&= H(X) + H(Y)
\end{aligned} \tag{2.43}$$

が得られる。したがって，

$$H(X,Y) \le H(X) + H(Y) \tag{2.44}$$

が導かれる。等号は，2 つのランダム変数が独立である場合に限り成り立つ。2 つの変数が独立であるとは，すべての (i,j) の組に対して次式が成り立つことである。

$$p(i,j) = p_X(i) p_Y(j) \tag{2.45}$$

すなわち，独立な場合は

$$H(X,Y) = H(X) + H(Y) \tag{2.46}$$

が成り立つ．

最後の結果 (2.46) は，単に，結果が独立な 2 つの実験（あるいは 2 つのゲーム）がある場合，2 つの実験の結果に関連した SMI はそれぞれの実験に関連した SMI の和になるということを意味している．一方，2 つの実験の間に依存性があれば，複合実験 (X,Y) に関連した SMI は 2 つの実験を別々に実行した場合の SMI の和より大きくなることはない．

依存性のある実験に対しては，条件付き確率を次のように定義する[7]．

$$p(y_j/x_i) = \frac{p(x_i \cdot y_j)}{p(x_i)} \tag{2.47}$$

対応する条件付きの量 H は [注14] 次のように定義される．

$$H(Y/x_i) = -\sum_j p(y_j/x_i) \log p(y_j/x_i) \tag{2.48}$$

これは，単に，式 (2.47) に定義された条件付き確率に関連した SMI である．

X が与えられている場合の Y の条件付き SMI は $H(Y/x_i)$ の平均として，次のように定義される，

$$\begin{aligned}
H(Y/X) &= \sum_i p(x_i) H(Y/x_i) \\
&= -\sum_i p(x_i) \sum_j p(y_j/x_i) \log p(y_j/x_i) \\
&= -\sum_{i,j} p(x_i \cdot y_j) \log p(x_i \cdot y_j) \\
&\quad + \sum_{i,j} p(x_i \cdot y_j) \log p(x_i) \\
&= H(X,Y) - H(X) \tag{2.49}
\end{aligned}$$

このように，$H(Y/X)$ は X と Y の同時実現に対する SMI と X に対する SMI の差を表している．これは次のように書き直すことができる，

$$H(X,Y) = H(X) + H(Y/X)$$

---

[7] 訳注：右辺に現れる $p(x_i \cdot y_j)$ は，これまで $p(i,j)$ のように表記していたものである．ここでは，左辺の条件付き確率の表し方にならって，対応する表記を導入したものと思われる．$x_i \cdot y_j$ が，x_i と y_j の同時実現事象を表すと考えれば，特に混乱はないと考えられる．

$$= H(Y) + H(X/Y) \tag{2.50}$$

式 (2.44) と式 (2.50) から，以下の不等式も得られる．

$$H(Y/X) \leq H(Y) \tag{2.51}$$

そして同様に，

$$H(X/Y) \leq H(X)$$

最後の不等式は，Y の SMI は X を知ったからといって，決して増えることはないことを意味する．逆に，$H(Y/X)$ は，X がわかっているときに Y に残された平均の不確実性を表している．この不確実性は，(X が知られていないときの) Y に関する不確実性より常に小さい．X と Y が独立であれば，式 (2.51) の等号が成り立つ．これも，情報や不確実性を測る量に対して期待される妥当な性質の1つである．

定性的には，式 (2.51) の意味は直感的に明らかである．2つの独立な実験の場合，片方の実験を実施しても，他方の実験に関する情報は何も提供されることはない．一方で，2つの実験が独立でない場合には，1つの実験を実行することは，他方の実験に関する情報を**追加**することになる．

この結果を理解するのに，次の例は役に立つであろう．

私があなたに，昨日，私が3つのレストラン R_1, R_2, R_3 (図 2.11) のうちの1つで食事をしたことを伝えるとする．また，食べたのは10個の料理 $d_1, d_2, \cdots, d_{10}$ のうちの1つであることも伝える．また，各レストランでは次のような料理が提供されることもわかっているとする．

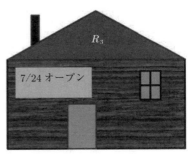

レストラン R_1 　レストラン R_2 　レストラン R_3
提供する料理：d_1, d_2 　提供する料理：d_3, d_4 　提供する料理：$d_5, d_6, d_7, d_8, d_9, d_{10}$

図 **2.11**　それぞれ異なる料理を出す3つのレストラン．

1. レストラン R_1 は料理 d_1, d_2 だけを提供する。
2. レストラン R_2 は料理 d_3, d_4 だけを提供する。
3. レストラン R_3 は料理 $d_5, d_6, \cdots, d_{10}$ だけを提供する。

$H(Y)$ を，私がどの料理を食べたか（すなわち，10個の料理のうち，どれを食べたか）に関する不確実性であるとしよう。$H(X)$ は次の質問に関連した不確実性であるとする。私はどのレストランで食事したか？ 明らかに，私がどこで食べたかがわかれば，何を食べたかを見つけるのも容易になるだろう。たとえば，私がレストラン R_2 で食事したことを知っていたら，私が食べた料理は d_3, d_4 のどちらかであることがわかる。したがって，私が10個の料理のうちどれを食べたかに関する不確定性は，私が R_2 で食べたと知ることで減らされることになる。同様に，私が何を食べたかがわかれば，私がどこで食べたかに関する不確実性の量が減るのである。

一休みして考えてみよう

1. 私が昨日行ったのがどのレストランだったかだけを知りたいとしよう。この場合関係する不確実性は，3つのレストランに関連した $H(X)$ である。私があなたに，私が昨日食べたのは料理 d_8 であると告げたとしたら，この不確実性はどのように変化するだろうか？
2. 再び，あなたの関心は私が昨日食事をしたレストランを知ることであるとしよう。私が，今日食べたのは料理 d_2 であると告げるとすれば，昨日食事をしたのが3つのレストランのうちのどれであるかに関連した不確実性は，どのように変わるだろうか？
3. あなたは，私が今日食べたのが何であるか知りたいものとしよう（この場合の不確実性は，料理 $(d_1, \cdots, d_{10})$ に関するものである）。私があなたに，昨日私がレストラン R_3 で食事をしたと伝える場合，この不確実性は，どのように変化するか？
4. あなたは，私が昨日何を食べたか知りたいとする。それを見出すために，二値質問をどのように尋ねたらよいだろうか？ 私が昨日どこで食事をしたか知る必要はあるだろうか？
5. もう1つの有用な量は，次式で定義される相互情報である[注15]。

$$I(X;Y) \equiv H(X) + H(Y) - H(X,Y) \tag{2.52}$$

$H(X), H(Y)$ および $H(X,Y)$ の定義から以下が導かれる。

$$I(X;Y) = -\sum p_X(x_i) \log p_X(x_i) - \sum p_Y(y_j) \log p_Y(y_j)$$

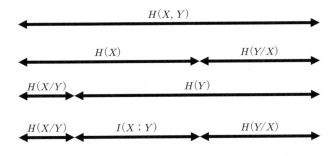

図 2.12 量 $H(X)$, $H(Y)$, $H(X,Y)$ および $I(X;Y)$ の間の関係。

$$\begin{aligned}
&\quad + \sum p(i,j) \log p(i,j) \\
&= \sum p(i,j) \log \left[\frac{p(i,j)}{p_X(x_i) p_Y(y_j)} \right] \\
&= \sum p(i,j) \log g(i,j) \geq 0
\end{aligned} \qquad (2.53)$$

$I(X;Y)$ は X と Y について，対称な形に定義されていることに注意せよ。この量 $I(X;Y)$ は，ランダム変数 X によってランダム変数 Y へ伝達される，あるいは，その逆に Y から X へ伝達される平均情報量と呼ばれることもある。ここで，$g(i,j)$ は，2つの事象 $\{X=x_i\}$ と $\{Y=y_j\}$ の相関である。したがって，$I(X;Y)$ は，相関の対数平均（すなわち，$\log g_{ij}$ の平均）の測度であり，X と Y の**依存性**の程度を測るものであることがわかる。不等式 (2.53) は不等式 (2.44) から導かれる。等号は，X と Y が独立な場合に成り立つ。個々の事象の相関 $g(i,j)$ は 1 より小さい場合もあれば，大きい場合もある，したがって，$\log[g(i,j)]$ は正にも負にもなりうることに注意すべきである。しかしながら，$\log[g(i,j)]$ の平均は常に正である，すなわち，相互情報の平均は常に正である。2つの実験が独立な場合は，0 になる。このように，$I(X;Y)$ は，Y がわかっている場合に X に関連した SMI が平均として，どの程度減少するか，あるいは逆に X がわかっている場合に，Y の SMI がどの程度減少するかの度合いを表している。$H(X)$，$H(Y)$，$H(X,Y)$ および $I(X;Y)$ の間の関係は，図 2.12 に示されている。

2.7　本章で学んだことのまとめ

本章の内容は，熱力学に直接関係しているものではない。しかし，読者の皆さんには SMI の概念にぜひともある程度慣れていただきたいと私は考えてい

る．そうするには2つの理由がある．第一に，SMIは非常に一般的で有用な，興味ある量である．SMIは科学の多くの分野で用いられている．したがって，いつの日か，読者の皆さんは，実験に関連した何らかの量を測定ないし解釈するのにSMIが有用であるような問題に出会うことが必ずあると思われる．

　第二に，SMIはエントロピーを理解するために欠かせないものである．これは，SMIの単なる応用の1つであるというだけではない．それは，エントロピーの概念を単純に，明快に，かつ謎のないものにする応用である．この解釈なしには，エントロピーは謎に満ちた，把握しがたい概念であり続けるであろう．次章で，エントロピーがSMIの特殊な場合であることを見ることになろう．

　これらの理由で，私は本章をあなたに適したレベルで読み，勉強してもらいたいと思っている．もしも，数学公式がやっかいだと思うなら，数式の間の文章を読むだけでもよい．そうするだけでも，SMIがどんなものであるかについての初歩的な理解を得ることができるであろうし，第3章で導入されるエントロピーの意味を理解する準備にはなるであろう．

練習問題： 熱力学に飛び込む前に，一息入れて，20-Qゲームに関連してなじみのある2つの量について考えてみることを勧めたい．これら2つの量の類推は，エントロピーを理解するうえで重要である．

　我々がそのうちの1つを選ぶことになる対象物の数をWで表そう．また，W個の対象物からどれが選ばれたかを見つけるために，する必要のある二値質問の最小数をSで表すことにしよう．

　以下の質問に答えよ．

1. WやSを一言で表現できるか？
2. 2つの量WおよびSは主観的なものか，客観的なものか？
3. 私があなたに，Wは"私がそのうちから1つを選ぶ対象物の総数である"と告げるとする．以下の記述のうち，Sの解釈として適するものはどれか？
 (a) SはWの測度である．
 (b) Sは私がW個の対象物から1つを選ぶ際にもつ**自由**の測度である．
 (c) SはW個の対象物に関する情報の**分割**の測度である．
 (d) SはW個の対象物における**無秩序**の測度である．
 (e) SはW個の対象物の間における**エネルギー**の広がりの測度である．
 (f) Sは選ばれた対象物に関してあなたがもつ**不確実性**の測度である．
 (g) Sは選ばれた対象物に関連して**不足している情報**の測度である．

第3章

古典理想気体のエントロピーをシャノンの情報測度から導く

前章で,シャノンの情報測度（SMI）と呼ばれる量を導入した。この量およびその性質や解釈を,熱力学に触れることなしに議論した。また,シャノン自身が,この量をエントロピーと名づけ,多くの科学者が未だに SMI をエントロピーと呼んでいることも述べた。この慣例は不幸なことであり,避けられるべきものであった。

この慣例の源はトライブス（M. Tribus）の話の中に見られる[注1]。

> "この名前にはどんな意味があるのだろうか？ シャノンの測度の場合,名前のつけ方は偶然ではなかった。1961 年に我々のうちの一人（トライブス）がシャノンに,彼の有名な測度をついに確信したとき,どんなことを考えたかを尋ねた。シャノンの答えは次のようなものであった。"私が最も気にしたのは,それをどう呼ぶかということだった。最初はそれを '情報' と呼ぼうと思ったが,その言葉はすでに広く用いられていたので,結局,'不確実性' と呼ぶことにした。私がそれについてジョン・フォン・ノイマン（John von Neuman）と議論したとき,彼は,命名についてもう少しましなアイデアをもっていた。フォン・ノイマンは "2 つの理由で,それはエントロピーと呼ぶべきである。" と私にいった。"第一に,君の不確実性関数は統計力学でエントロピーの名の下に用いられている。第二に,こちらの方がより重要なのだが,エントロピーがそもそも何ものなのかちゃんとわかっている人はいないので,討論になったとき,君が必ず有利になると考えられるからである。""

フォン・ノイマンの示唆について,デンビー［Denbigh (1981)］は次のようにコメントしている。

> "私の見るところ,フォン・ノイマンは科学に害をなしたと思う！"

さらに続けて，"情報理論と統計力学が同じ形式的構造をもつ関数を必要としたのには，もちろん，ちゃんとした数学的理由がある。どちらも，確率理論に共通の源をもっているし，加算性などのある種の共通の要請を満たさねばならない。しかし，この形式的類似性はそれらの関数が，必ずしも同じ概念を示したり，表したりしていることを意味しない。'エントロピー'という用語は，熱力学においてすでに物理的意味が確立されており，熱力学的エントロピーと情報が相互に入れ替えうるとしても，どのような条件下でそれが可能なのかは，まだわかっていない。"

私がデンビーのコメントを引用することにしたのは，エントロピーが情報ではないという理由からではなく，一般的な情報も，また特に SMI も共にエントロピーではないからである。

硬貨を投げたり，サイコロを転がしたりするときの SMI は熱力学的エントロピーと一切関係がない。しかしながら，本章で見るように，熱力学的エントロピーは SMI から導くことができるのである。この意味で，エントロピーは SMI の特殊な場合であるといえる。エントロピーが SMI と同じ性質や解釈をもつのも，不思議はない。

本章の大部分は古典的な単原子理想気体のエントロピーの具体的表式を導くことにあてられる。系には N 個の，区別できず，相互作用していない（理想的な）粒子が含まれる。系の微視的な状態は，全粒子の位置と運動量（古典的な記述）によって記述される。系の全エネルギーは，粒子の並進運動エネルギーだけから成り立っている（これらの粒子は，"構造をもたない"粒子と呼ばれることもある）と仮定する。このことは，単原子（希薄[1]）気体では近似的に成り立っている。

本章で求める方程式は，ボルツマンによるエントロピーの定義にもとづいて，ザックール [Sackur (1911)] とテトローデ [Tetrode (1912)] が独立に導いたのが最初のものである。この方程式は，通常，統計力学の教科書で，理想気体に関する量子状態数の具体的計算の例として取り上げられる。この章でやろうとしているのは，シャノンの情報測度にもとづいて，$\log W$ に対する具体的な表式を導くことである。理想気体の状態数 (W) を**数える**ことと SMI を計算することは相互に関係づけられているが，概念的には異なっている。数 W の意味は明白であり，それ以上の解釈を必要としないが，量 $\log W$ は異なる意味

---

[1] 訳注：原文にはない。条件を明確にするために，追加。

と解釈をもっている。

SMIから出発し，それを位置と運動量の分布に適用することによって，我々は，理想気体のエントロピーをシャノンの情報測度（SMI）の特別な例として求めることにする。この手法の明らかな利点は，導出の各段階において，理想気体のエントロピーを構成するいろいろな項の意味を認識することができるということである。

理想気体のエントロピーの4成分とは，以下のものである。粒子の位置に関連したSMI，すなわち，粒子の位置に関してどれだけの不確実性があるか；粒子の速度（あるいは運動量）に関連したSMI；粒子が区別できないことによるSMIの減少および量子力学的不確定性原理に起因するSMIの減少。

エントロピー関数を求めれば，それを理想気体の熱力学に適用することができる。これについては，第4章で扱うこととし，そこでは，いくつかの単純な過程におけるエントロピー変化を解釈するのに，この量を用いる。その作業の間，思考の背後では，これらの過程におけるエントロピー変化の**意味**はシャノンの情報測度における変化の意味と同じであることを常に意識することになろう。

3.1 理想気体における位置のSMI

最初に長さが L の1次元の"箱"の中を自由に動きまわる1つの粒子の場合を考えよう。粒子の中心が見出されうる点は明らかに無限個存在する。しかし，我々は決して粒子の**厳密**な位置に関心があるわけではなく，dx を非常に小さな長さとして，どこの dx の範囲に粒子があるかを知りたいのである（図3.1）。我々が提示する形式的な問題は，SMI

$$H(1 次元における位置) = -\int_0^L f(x) \log f(x) dx \quad (3.1)$$

の最大値を，制約条件

$$\int_0^L f(x) dx = 1 \quad (3.2)$$

図 **3.1** 長さ L の1次元の"箱"の中の粒子。我々の関心は，粒子の中心が x と $x + dx$ の間にある確率にある。

の下で求めるというものである。ここで，$f(x)\mathrm{d}x$ は，粒子を x に位置する範囲 $\mathrm{d}x$ に見出す確率を表す。H を最大にする関数 $f(x)$ は

$$f^*(x) = \frac{1}{L} \tag{3.3}$$

であり，対応する SMI は

$$H_{\max}(x \text{ 軸に沿っての 1 粒子の位置})$$
$$= \log L \tag{3.4}$$

となる[2]。詳しくは Ben-Naim (2008) を見よ。

　密度関数 $f^*(x)$ は H を最大にする関数，あるいは平衡密度関数と呼ぶことにしよう。後者の解釈は，H の最終結果を，平衡にある理想気体のエントロピーとして解釈すれば明らかであろう。

　この章では，対数の基底として 2 を用いる。結果の式 (3.3) および (3.4) は，式 (3.1) に定義されている H に対して得られたものであることは注意すべきである。実際に，我々は通常，長さ L を有限個の離散的なセルに分割して考える。しかし，本節および次節では，位置と速度（あるいは運動量）の両方を連続変数のまま扱う。3.4 節では量子力学の不確定性原理を適用し，位置と運動量の空間[3]を離散化することになるであろう。ここでは，$\log L$ が，長さ L の 1 次元空間における粒子の位置に関する失われた情報の測度として考えられるべきであるということを注意しておこう。L が大きいほど，SMI も大きくなる。SMI が実際に（$L \to \infty$ の極限で）発散する量であることは注意しておくべきである。しかし，式 (3.4) のすべての応用で，我々は長さ L を**離散化**するか，異なる L に対する SMI の差を取る。どちらの場合も，式 (3.1) における積分の発散にからむ問題を回避することができる。

　式 (3.3) と (3.4) を 3 次元の場合に拡張するのは容易である。粒子が，一辺 L，体積 $V = L^3$ の立方体に閉じ込められているとしよう。明らかに，y-軸および z-軸に関連した SMI も式 (3.4) と同じになることは明白である。さらに，"ある位置 x に存在する"，"ある位置 y に存在する"，"ある位置 z に存在する" という 3 つの事象は，互いに独立な事象であることを仮定する。したがって，体積 V の立方体内の位置 x, y, z に関連した SMI は 3 軸それぞれに関連した SMI の和になる。かくして，式 (3.4) の量に対して，簡略化された表現 $H_{\max}(x)$ を

---

[2] 訳注：H の説明が式 (3.1) とは違っているが，これは後のことを考えて，わざとそうしてあると思われる。

[3] 訳注：「相空間」（phase space）と呼ばれる。

用いることにすれば，次のように書くことができる．

$$H_{\max}(x,y,z) = H_{\max}(x) + H_{\max}(y) + H_{\max}(z)$$
$$= 3\log L = \log V \tag{3.5}$$

また，平衡状態での密度は

$$f^*(x,y,z) = \frac{1}{L} \times \frac{1}{L} \times \frac{1}{L} = \frac{1}{L^3} = \frac{1}{V} \tag{3.6}$$

となる．次に，結果 (3.5) を N 個の独立で，区別できる (D) 粒子の場合に拡張する．また，粒子 i の位置ベクトルに対する簡略化記号 $\boldsymbol{R}_i = \{x_i, y_i, z_i\}$ を用い，全 N 粒子の位置ベクトルは $\boldsymbol{R}^N = \{\boldsymbol{R}_1, \boldsymbol{R}_2, \cdots, \boldsymbol{R}_N\}$ のように表す．

粒子は独立なので，N 粒子の SMI はすべての個々の粒子に対する SMI の単純な和になる．また，単一の粒子に対する SMI (3.5) は，どの粒子に対しても同じであるため，N 個の独立で区別できる粒子に対しては，次式が得られる，

$$H^{\mathrm{D}}_{\max}(\boldsymbol{R}^N) = N H_{\max}(x,y,z) = N \log V \tag{3.7}$$

区別できる (distinguishable) 粒子の系なので，上付き添字 D を追加してある．次節で，粒子が区別できない (indistinguishable, ID と略記) 場合には，粒子間に相関が生じ，N 粒子の SMI を減少させることを見るであろう．また，添字 "max" をまだ残してあることにも注意せよ．このことは，H の最大値を平衡にある系のエントロピーと同一視する際，重要になる．

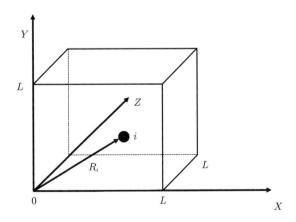

図 3.2　i 番目の粒子の位置ベクトル $\boldsymbol{R}_i$．

3.2 粒子が区別できないことによる相互情報

2つの粒子が，M 個の同等なセルに分配される場合を考えよう。粒子は独立で区別できるものとする (D)。1つの粒子に関する可能な配置の数は単純に M であり，対応する SMI は

$$H(1) = \log M \tag{3.8}$$

で与えられる。2番目の粒子についても同じことがいえる。すなわち，

$$H(2) = \log M \tag{3.9}$$

である。したがって，2つの粒子に対する SMI, $H(1,2)$, は $H(1)$ と $H(2)$ の和になる。

$$H^{\mathrm{D}}(1,2) = H(1) + H(2) = 2\log M \tag{3.10}$$

いい換えれば，2つの独立な，区別できる粒子を M 個のセルに配置する仕方の数は，M^2 であり，対応する SMI は式 (3.10) に示された $H^{\mathrm{D}}(1,2)$ で与えられる。粒子は相互作用していないことに注意せよ。また，この例では，同じセルを占める粒子の数には制限がない。

粒子が区別できない (ID) 場合，配置の仕方の数え方は変わってくる。理由は単純である。この場合は，2つの粒子を入れ換えた配置を区別しない（1つの配置と考える）。図 3.3 には，2つの粒子をセルに配分する2つの可能な配置 (a) と (b) が示されている。明らかに，2つの粒子が区別できれば，2つの配置は異なり，したがって，2つの配置として数えられるべきである。しかし，2つの粒子が区別できない場合は，2つの粒子につけられた色，ないしはラベルを消すことに対応し，そのため，2つの配置は1つの配置 (c) として数えられなければならない。かくして，一般に，配置の総数は，粒子の"ラベルを消す"こと

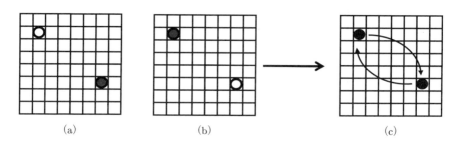

図 **3.3** 2つの区別できる粒子に対する2つの異なる配置 (a) と (b) は，粒子が区別できない場合には，1つの配置 (c) になる。

によって減ることになる。

　M 個のセルに N 個の粒子を配分するという一般的な場合には，粒子が区別できるとすれば，配置の仕方の総数は単純に M^N となる。N 個の粒子が区別できない場合の配置の数え方は，より複雑である。しかし，$N \ll M$ の場合には，セル数が粒子数に比べ非常に大きく，2 つ以上の粒子が同じセルに入ることが稀な事象となるので[4]，配置数は M^N から $M^N/N!$ に減少する。

練習問題：$M = 4$ 個のセルに $N = 2$ 個の粒子を配分する仕方の数を，粒子が区別できる場合および区別できない場合にそれぞれ計算せよ。$N = 2$ に固定して，M を 10, 100, 1000 と増やし，非常に大きい M に外挿したらどうなるか？

　図 3.3 の例では，M が非常に大きいとき，2 つの区別できない粒子の配置数は $M^2/2$ であり，対応する SMI は

$$H^{\mathrm{ID}}(1,2) = \log\left(\frac{M^2}{2}\right) \tag{3.11}$$

となる。

　$H^{\mathrm{D}}(1,2)$ と $H^{\mathrm{ID}}(1,2)$ の差は，**相互情報として解釈される**（2.6 節を見よ）。すなわち，

$$H^{\mathrm{ID}}(1,2) = H(1) + H(2) - I(1;2) \tag{3.12}$$

ここで，

$$I(1;2) = \log 2 > 0 \tag{3.13}$$

が相互情報に当たる。

　M 個のセルに N **個の区別できない粒子**を配分するという，より一般的な場合には，$N \ll M$ であるとして，以下のように表される。

$$H^{\mathrm{D}}(1,2,\ldots,N) = \sum_{i=1}^{N} H(i) = \log M^N \tag{3.14}$$

$$H^{\mathrm{ID}}(1,2,\ldots,N) = H^{\mathrm{D}}(1,2,\ldots,N) - \log N!$$

$$= \log\left[\frac{M^N}{N!}\right] \tag{3.15}$$

---

[4] 訳注：ほとんどの場合，すべての粒子が異なるセルに入っていると考えられるため，区別できる粒子の場合には異なる配置と見なされた $N!$ 個の配置が，区別できない粒子の場合は，1 つの配置と見なされることになる。1 つのセルに 2 つ以上の粒子が入っている場合は，同じセルに含まれる粒子を入れ換えたものは，区別できる粒子の場合にあっても別の配置とは見なされないので，単純な対応づけができなくなる。$N \ll M$ の条件は，このために必要になる。

$$I(1; 2; \ldots; N) = \log N! \tag{3.16}$$

結論として，粒子が区別できない場合，粒子間に相関が導入され，SMI の減少が引き起こされる。区別できない粒子の相互情報を，区別できる粒子系の配置数が，粒子につけられた"ラベルを消す"ことによってどれだけ変化するかを計算して求めた。詳細は，Ben-Naim (2008) の第 4 章を見よ。読者は，いくつかの例を調べて，粒子の"ラベルを消す"ことで，配置の数は常に減少するということ，またその結果として系の SMI も減少するということを確かめて欲しい。

3.3 運動量の SMI

今回も，長さ L の 1 次元系に沿って運動する粒子から出発しよう。我々は，特定の粒子を，速度 v_x と $v_x + \mathrm{d}v_x$ の間に見出す確率密度に関心がある。粒子は v_x として $-\infty$ から $+\infty$ まで任意の値を取り得ると仮定するが，粒子系の平均運動エネルギーは一定であると要請する。

形式的な数学の問題は，関数

$$H(1 \text{次元における運動量}) = -\int_{-\infty}^{\infty} f(v_x) \log f(v_x) \mathrm{d}v_x \tag{3.17}$$

の最大値を，以下の 2 つの拘束条件下で求めることである。

$$\int_{-\infty}^{\infty} f(v_x) dv_x = 1 \tag{3.18}$$

$$\int_{-\infty}^{\infty} \frac{mv_x^2}{2} f(v_x) \mathrm{d}v_x = \frac{m\langle v_x^2\rangle}{2} = \frac{m\sigma^2}{2} \tag{3.19}$$

ここで，σ^2 は分布 $f(v_x)$ の分散（variance）である。

この問題に対する答えは以下のように表される[注3]。

$$f^*(v_x) = \frac{\exp[-v_x^2/2\sigma^2]}{\sqrt{2\pi\sigma^2}} \tag{3.20}$$

3 次元系における速さの分布を計算する前に，まず，分散 σ^2 を絶対温度 T で表してみよう。

1 次元系で運動する粒子が平衡にあるときの平均運動エネルギーは

$$\frac{m\langle v_x^2\rangle}{2} = \int_{-\infty}^{\infty} \frac{mv_x^2}{2} \frac{\exp[-v_x^2/2\sigma^2]}{\sqrt{2\pi\sigma^2}} \mathrm{d}v_x = \frac{m\sigma^2}{2} \tag{3.21}$$

で与えられる。同様に，3 次元系の中で運動する粒子の平均運動エネルギーは

次式で与えられる。

$$\frac{m\langle v^2\rangle}{2} = \frac{m\langle v_x^2\rangle}{2} + \frac{m\langle v_y^2\rangle}{2} + \frac{m\langle v_z^2\rangle}{2} = 3\frac{m\langle v_x^2\rangle}{2} \tag{3.22}$$

ここで，v は粒子の速さである[5]。気体分子運動論から，絶対温度と平均運動エネルギーは次のように関連づけられる[注4]：

$$k_\mathrm{B}T = \frac{2}{3}\frac{m\langle v^2\rangle}{2} \tag{3.23}$$

式 (3.21)–(3.23) より，σ^2 を次のように置くことができる。

$$\sigma^2 = \frac{k_\mathrm{B}T}{m} \tag{3.24}$$

この置換を用いて，速度分布 (3.20) を次のように書き直す[6]。

$$f^*(v_x) = \sqrt{\frac{m}{2\pi k_\mathrm{B}T}}\exp[-mv_x^2/2k_\mathrm{B}T] \tag{3.25}$$

図 3.4 は，いろいろな T の値に対する分布 $f^*(v_x)$ を表している（この図を描く際には $m=1$，$k=1$ と置いている）。温度が高いほど，速度分布の広がりも大きくなることがわかる。つまり，分布の平均 "幅" は，分散 σ^2 あるいは温度 T で測ることができる。

平衡分布 $f^*(v_x)$ に関連した SMI を，温度を用いて次のように書き直す。

$$H_{\max}(v_x) = \frac{1}{2}\log(2\pi e k_\mathrm{B}T/m) \tag{3.26}$$

この量の意味は，SMI の意味から導かれる。連続変数の SMI は発散する部分をもつことにもう一度注意する。しかし，$H_{\max}(v_x)$ を実際に適用する際には，無限領域 $(-\infty,\infty)$ を有限個の区間に離散化するか，あるいは 2 つの状態間の H の差を取る。ここでは，2 つの状態とは 2 つの異なる温度に対応する。我々が手にする重要な結果は，温度が高い（あるいは粒子系の平均運動エネルギーが大きい）ほど，SMI あるいは "速度の分布に関連した不確定性" が大きくなるということである。

次に，3 つの軸に沿っての速度 v_x, v_y, v_z は互いに独立であると仮定する。し

---

[5] 訳注：式 (3.32) に示されるが，v は速度ベクトルの絶対値であり，$v = \sqrt{v_x^2 + v_y^2 + v_z^2}$ で与えられる。

[6] 訳注：通常，式 (3.23) は式 (3.25) の 3 次元版から導かれるので，ここの理由づけはあまり適切でない可能性がある。式 (3.20) の形の分布から状態方程式を導き，温度と σ^2 を関連づけるのが普通である。たとえば，小野嘉之著『熱力学』（裳華房，1998）を見よ。

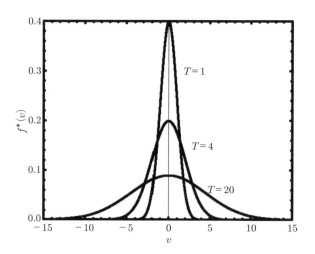

図 3.4 異なる温度における 1 次元系の速度分布。グラフは，式 (3.25) から，$m = 1$, $k_B = 1$ と置いて計算された。

たがって，速度 $\boldsymbol{v} = (v_x, v_y, v_z)$ で運動する 1 粒子の SMI は

$$\begin{aligned} H_{\max}(v_x, v_y, v_z) &= H_{\max}(v_x) + H_{\max}(v_y) + H_{\max}(v_z) \\ &= 3H_{\max}(v_x) \\ &= \frac{3}{2}\log(2\pi e k_B T/m) \end{aligned} \quad (3.27)$$

となる。

理想気体のエントロピーを構築するためには，運動量の分布が必要である。これは単純に $p_x = mv_x$, $p_y = mv_y$, $p_z = mv_z$ のように変換することによって得られる。この結果，1 次元の場合の運動量分布は

$$f^*(p_x) = \frac{\exp[-p_x^2/2mk_B T]}{\sqrt{2\pi m k_B T}} \quad (3.28)$$

となる。1 次元における対応する SMI は次式で与えられる。

$$H_{\max}(p_x) = \frac{1}{2}\log(2\pi e m k_B T) \quad (3.29)$$

また，3 次元では

$$H_{\max}(p_x, p_y, p_z) = \frac{3}{2}\log(2\pi e m k_B T) \quad (3.30)$$

である。

N 個の独立粒子系に対しては，SMI は単に個々の粒子の SMI を加え合わせたものになり，したがって，次式が得られる．

$$H_{\max}(\boldsymbol{p}^N) = \frac{3N}{2}\log(2\pi e m k_\mathrm{B} T) \tag{3.31}$$

ただし，$\boldsymbol{p}^N = (\boldsymbol{p}_1,\cdots,\boldsymbol{p}_N)$ である．

これで，N 粒子の運動量に関連した SMI が得られたことになる．この段階で，**速さ**の分布も導いておこう．この分布は後の議論には必要ないのであるが，この分布の形を見ておくことは有用である．

粒子の速さは，次のような平方根で定義される．

$$v = \sqrt{v_x^2 + v_y^2 + v_z^2} \tag{3.32}$$

これは，3 つの軸に沿っての速度成分 v_x, v_y および v_z をもつ粒子の速さの絶対値である[7]．

3 つの軸に沿っての運動は互いに独立なので，次式が得られる．

$$\begin{aligned} f^*(v_x, v_y, v_z) &= f^*(v_x)f^*(v_y)f^*(v_z) \\ &= \left(\frac{m}{2\pi k_\mathrm{B} T}\right)^{3/2} \exp\left[\frac{-m(v_x^2 + v_y^2 + v_z^2)}{2k_\mathrm{B} T}\right] \\ &= \left(\frac{m}{2\pi k_\mathrm{B} T}\right)^{3/2} \exp\left[\frac{-mv^2}{2k_\mathrm{B} T}\right] \end{aligned} \tag{3.33}$$

ここで，$f^*(v_x, v_y, v_z)\mathrm{d}v_x \mathrm{d}v_y \mathrm{d}v_z$ は v_x と $v_x + \mathrm{d}v_x$，v_y と $v_y + \mathrm{d}v_y$ および v_z と $v_z + \mathrm{d}v_z$ の間の速度をもつ分子を見出す確率を表す．式 (3.32) で定義される**速さ**は v_x, v_y および v_z の無限に多くの組み合わせで得られる．

速さの分布は，球面極座標に変換し，すべての角度に関して積分することによって得られる．結果は次のようになる．

$$f^*(v) = \left(\frac{m}{2\pi k_\mathrm{B} T}\right)^{3/2} 4\pi v^2 \exp\left[\frac{-mv^2}{2k_\mathrm{B} T}\right] \tag{3.34}$$

ここで，$f^*(v)\mathrm{d}v$ は**速さ**が v と $v + \mathrm{d}v$ の間にある粒子を見出す確率である．速度の分布 (3.25) と速さの分布 (3.34) の違いに注意せよ．速度 v_x は正にも負にもなるので，分布は中心が $v_x = 0$ の正規分布（図 3.4）になる．この分布は対称な分布である，すなわち，粒子が速度 v_x で動く確率も，$-v_x$ で動く確率も同じである．一方，速さの分布は対照的ではない．平均の速さと，最も確率

---

[7] 訳注：通常，速さは正の値に取るものなので，わざわざ絶対値という必要はない．

80　第 3 章　古典理想気体をエントロピーから導く

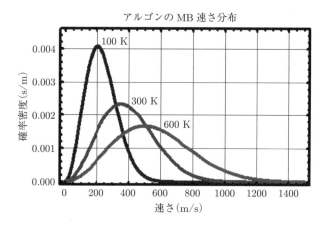

図 3.5　異なる温度に対する速さのマクスウェル–ボルツマン（MB）分布。

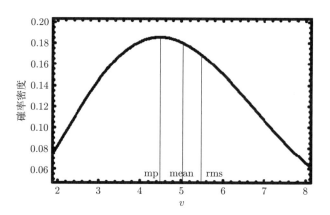

図 3.6　最も確からしい速さ（mp），平均の速さ（mean）および速さの二乗平均平方根（rms）。縦軸は速さの確率密度，横軸は速さを表す。どちらも適当にスケールされている。

の高い速さは一致しない（図 3.5）。

図 3.6 は最も確からしい速さ，平均の速さおよび速さの二乗平均平方根を示している。**最も確からしい**（mp）速さは，単に f^* が最大になる速さ v_mp である。すなわち，方程式 $df/dv = 0$ の解である。具体的には次のようになる。

$$v_\mathrm{mp} = \sqrt{\frac{2k_\mathrm{B} T}{m}} \tag{3.35}$$

一方，平均の（mean）速さは次式から計算される。

$$\langle v \rangle = \int_0^\infty v f^*(v) \mathrm{d}v = \sqrt{\frac{8k_\mathrm{B}T}{\pi m}} \tag{3.36}$$

もう 1 つの有用な平均は速さの二乗平均平方根 v_rms であり，次のように定義される．

$$v_\mathrm{rms} = \sqrt{\int_0^\infty v^2 f^*(v) \mathrm{d}v} = \sqrt{\frac{3k_\mathrm{B}T}{m}} \tag{3.37}$$

したがって，一般に次の不等式が成り立つ．

$$v_\mathrm{mp} < \langle v \rangle < v_\mathrm{rms} \tag{3.38}$$

3.4 量子力学の不確定性関係に関連した相互情報

3.1 節で，長さ L の"箱"に閉じ込められた 1 粒子の位置に対して式 (3.1) のように定義される，連続変数の SMI が次のように与えられることを見た．

$$H_\mathrm{max}(x) = \log L \tag{3.39}$$

また，我々が長さ $h = L/n$ のセルの 1 つに入っているという程度に粒子の位置の精度を設定するならば，式 (3.39) を用いる必要はなく，式 (3.39) の離散的な類推（アナロジー）を用いればよいことに注意しよう．この類推は $H_\mathrm{max}(x)$ から $\log h$ を差し引くことによって得られる．すなわち，式 (3.39) の代わりに，次のように書き表す．

$$H_\mathrm{max}(x) = \log L - \log h = \log n \tag{3.40}$$

ここで，位置の SMI と運動量の SMI を結びつけるのに同じトリックを使う．3.1 節では位置の SMI を計算し，3.3 節では運動量の SMI を計算した．今度は，粒子の位置と運動量の両方に関連した SMI を求めたい．

古典的に考えれば，粒子の位置および運動量の両方に関連した SMI は 2 つの SMI の和にすべきだという結論になろう．しかし，量子力学は，粒子の位置と運動量を決める 2 つの実験は互いに独立な事象ではないことを教えている．これは，よく知られたハイゼンベルグの不確定性原理である．ここで扱っている場合に関して，不確定性原理は，位置と運動量の両方を h 程度より細かい精度で決めることはできないと表現される．ここで，h はプランク定数，$h = 6.626 \times 10^{-34}$ J·s である．この結果，1 粒子の SMI は位置に関連した SMI と運動量に関連した SMI の単純な和ではなく，不確定性原理を取り入れて補正した和になる．

これは，連続な領域 $(0, L)$ から離散的なセルの数に移行した際に出くわした

のと同じ状況である。ここでも、位置と運動量の全空間（相空間）を大きさ h のセルに分割する。ただし、今度は h はプランク定数である。

SMI の言葉でいえば、粒子の位置と速度（あるいは運動量）の間には**相関**があるということになる。この相関は次のような**相互情報**の形で表すことができる[8]。

$$I(不確定性原理) = \log h > 0 \tag{3.41}$$

あるいは、等価な表現として次のように表してもよい。

$$H_{\max}(x, p_x) = H_{\max}(x) + H_{\max}(p_x) - \log h \tag{3.42}$$

これは、1次元系における1粒子の SMI である。3次元の場合は、次のようになる。

$$H_{\max}(x, y, z, p_x, p_y, p_z)$$
$$= H_{\max}(x, y, z) + H_{\max}(p_x, p_y, p_z) - 3\log h \tag{3.43}$$

すなわち、各自由度ごとに $\log h$ を差し引く。

最後に、N 個の区別できない独立（相互作用していない）粒子系の場合は、以下のようになる。

$$H^{\mathrm{ID}}(1, 2, \cdots, N)$$
$$= H_{\max}^{\mathrm{D}}(\boldsymbol{R}^N) + H_{\max}^{\mathrm{D}}(\boldsymbol{p}^N) - \log N! - 3N\log h \tag{3.44}$$

これは重要な結果である。位置と運動量で記述される N 粒子の SMI を得るために、まず、区別できる古典的な粒子の系を扱う。この場合、すべての粒子の位置 ($\boldsymbol{R}^N$) および運動量 ($\boldsymbol{p}^N$) に関連した SMI を加え合わせることができる。その後で、粒子が古典的でないことに起因する2種類の相互情報を差し引くことによって補正する。1つは粒子が区別できないことによるもの、もう1つはハイゼンベルグの不確定性原理によるものである。これら2つの補正は、全 SMI を $\log N! + 3N\log h$ だけ減少させる[9]。

3.5 古典理想気体のエントロピー

前節で、相互作用がなく、区別もできない N 粒子系の SMI の最大値を計算した。

---

[8] 訳注：式 (3.41) の不等号は適切でない。h の数値は単位に依存してしまうからである。そもそも、対数関数の引数に次元をもった量が入るのは好ましくない。
[9] 訳注：第2項の効果が SMI を減少させるのか増大させるのかは曖昧である。

SMI は任意の分布に対して定義できることを思い起こして欲しい。SMI は位置のどのような分布に対しても，また運動量のどのような分布に対しても，それがたとえ平衡分布でなくても定義することが可能である。SMI は任意の粒子数に対して定義できるし，粒子が区別できる，できないに関わらず定義できる。これらの事実はすべて，エントロピーとは関係がない。この時点まで，SMI を 20-Q ゲーム（粒子がどこにあるか？　粒子の速度や運動量はいくらか？）のサイズを表す量と見なすことは間違いではない。

　本節では，非常に特殊な分布を考察する。それは，対応する SMI を最大にする分布である。これまで，これらの特殊な分布を f^* あるいは p^* で表し，対応する SMI を $H_{\max}$ で表してきた。しかし，我々はまた，位置と運動量の任意の分布から出発しても，系は平衡分布（すなわち位置については一様分布，運動量については正規分布）に向かうことを知っている。

　この節では，我々はゲームの SMI から熱力学の基礎概念へと大きく飛躍する。すぐにわかるように，区別できない多数の粒子からなる系の位置と運動量の平衡分布に関連した SMI が，（定数係数は別にして）理想気体の統計力学的エントロピーと同等であることを認識することによって，この飛躍は可能になる。理想気体の統計力学的エントロピーは，クラウジウスによって定義された熱力学的エントロピーと同じ性質をもつので，この特別な SMI が理想気体のエントロピーと同等であると宣言することができる。これは特筆すべき成果である。フォン・ノイマンが SMI をエントロピーと名づけるように示唆したことを思い出して欲しい。これは間違いであった。一般に，SMI はエントロピーと直接関係のない概念である。SMI を特殊な分布に適用したときのみ，それはエントロピーと同等になる。

　思い起こせば，平衡にある N 粒子系の SMI は，位置と運動量に起因する 2 つの寄与からなり，粒子が区別できないことおよび不確定性原理による 2 つの補正を含んでいる。したがって，相互作用のない同等な N 粒子の SMI に対して，次のような表式を得る。

$$H^{\mathrm{ID}}(1,2,\cdots,N) = H_{\max}(\text{位置}) + H_{\max}(\text{運動量}) - I(\text{不確定性原理})$$
$$- I(\text{区別できない粒子})$$
$$= [N \log V] + \left[\frac{3N}{2} \log(2\pi e m k_{\mathrm{B}} T)\right]$$
$$- [3N \log h] - [\log N!]$$

$$= N \log \left[\frac{V}{N} \left(\frac{2\pi m k_{\mathrm{B}} T}{h^2} \right)^{3/2} \right] + \frac{5N}{2} \tag{3.45}$$

この表式は，1912年にザックールとテトローデがエントロピーに対するボルツマンの定義にもとづいて導いたものとほとんど同じ式である注5。

練習問題：c 個の成分からなる混合理想気体に対し，式 (3.45) を導いたのと同じ手続きを実行せよ注6。

我々は，粒子の位置と運動量に対応する SMI にもとづく考察から，式 (3.45) を導いた。また，不確定性原理と粒子が区別できないことに起因する補正を，相互情報の形で加えた。

理想気体のエントロピーに対する表式を得るために，我々がしなければならないのは，自然対数を用い，H^{ID} に定数 ($k_{\mathrm{B}} \ln 2$) をかけることだけである。

$$S = (k_{\mathrm{B}} \ln 2) H \tag{3.46}$$

定数 k_{B} をかけ，自然対数を用いることによって，エントロピーを測る単位を決めたことになる。それは，**エントロピー**の**意味**には**影響しない**，すなわち，エントロピーは平衡にある N 個の独立粒子（相互作用しない粒子）からなる系の位置と運動量に関連した SMI であると解釈してよい。通常，このエントロピーと SMI の等価性を熱力学的な系に適用する，つまり N も V も非常に大きい極限を取るが，比 N/V は一定に保たれているような系である。

これまで，一貫して粒子間に相互作用は働いていないことを仮定してきた。通常，相互作用がないことは，独立であることと等価であると考えられている。しかし，本章で見てきたように，**依存性**は相互作用しない粒子の間にも起こりうる。粒子間に相互作用があれば，さらに新たな依存性が導入される。この依存性は，粒子間に相関を追加し，SMI の減少を引き起こす。第 4 章で，あるタイプの相互作用について議論することにしよう。より一般的な場合については，Ben-Naim (2008) を見よ。

今後は，理想気体のエントロピーを式 (3.45) によって定義する。エントロピーの**意味**は，式 (3.45) に現れる 4 つの項から導かれる。すなわち，粒子の位置と運動量に関連した SMI および不確定性原理と粒子が区別できないことによる 2 つの補正から理想気体のエントロピーは構成される。

ボルツマンがエントロピーを次のように定義したことを思い起こそう。

$$S_{\mathrm{B}} = k_{\mathrm{B}} \ln W \tag{3.47}$$

ここで，k_{B} はボルツマン定数，W は系の実現可能な状態の総数である。第 2

章で，我々は量

$$SMI = \log_2 W \tag{3.48}$$

が W 個の同じ実現確率をもつ事象の実験に関連した，失われた情報量，あるいは不確実性の分量として解釈できることを見た．したがって，この場合に対する S_B と SMI の関係は，単純に

$$S_\mathrm{B} = (k_\mathrm{B} \ln 2)\, SMI \tag{3.49}$$

となる．明らかに，SMI の意味は定数 $k_\mathrm{B} \ln 2$ をかけても変わることはない．

非一様分布のより一般的な場合に，SMI は次式によって定義される．

$$SMI = -\sum p_i \log_2 p_i \tag{3.50}$$

一方，統計力学的エントロピーは

$$S = -k_\mathrm{B} \sum p_i \ln p_i \tag{3.51}$$

となる．したがって，一般的な場合にも，S と SMI の間に同じ関係が成り立つ．すなわち，

$$S = (k_\mathrm{B} \ln 2)\, SMI \tag{3.52}$$

"一般的な場合" というのは，任意の非一様分布を意味していることに注意せよ．式 (3.51) は，分布のある特殊な部分集合に対してのみ成り立つ．

3.6 エントロピー関数 $S(E, V, N)$ の基本的性質

最後の節では，関数 $H^\mathrm{ID}(1, 2, \cdots, N)$ を導く．これは，体積 V の中に，温度 T で存在している N 個の同等で相互作用のない粒子の系に適用した際に，系のエントロピーと同一視されたものである．この関数を次のように書く．

$$S(T, V, N) = Nk_\mathrm{B} \ln\left[\frac{V}{N}\left(\frac{2\pi m k_\mathrm{B} T}{h^2}\right)^{3/2}\right] + \frac{5Nk_\mathrm{B}}{2} \tag{3.53}$$

しかし，以下で述べる理由により，エントロピーに対する基本的な関数は $S(T, V, N)$ ではなく，$S(E, V, N)$ である．ここで，E は粒子系の全エネルギーである．単原子理想気体の場合，系のエネルギーは単純に粒子系の全運動エネルギーであり，次式で与えられる．

$$E = N\frac{m\langle v^2 \rangle}{2} = \frac{3}{2}Nk_\mathrm{B} T \tag{3.54}$$

式 (3.54) から T を求め，式 (3.53) に代入することによって，基本的な関数

$$S(E,V,N) = Nk_{\mathrm{B}} \ln\left[\left(\frac{V}{N}\right)\left(\frac{E}{N}\right)^{3/2}\right]$$
$$+ \frac{3k_{\mathrm{B}}N}{2}\left[\frac{5}{3} + \ln\left(\frac{4\pi m}{3h^2}\right)\right] \tag{3.55}$$

が得られる。

この関数は 2 つの理由で基本的である。第一に，この関数から理想気体の熱力学的な量をすべて導くことができる。第二に，エントロピーによって定式化される第二法則は，この関数に対してのみ成り立つ，すなわち，式 (3.55) で示されているように，E, V, N の関数としての S に対して成り立つのであって，他の変数の組み合わせ，例えば式 (3.53) にあるような T, V, N の組み合わせでは成り立たないのである。

さらに，上の段落での 2 つの記述は，**任意の熱力学的な系に対して成り立つ**。基本的に重要なものなので，2 つの記述を繰り返しておく。

1. 体積 V の中に閉じ込められ，全エネルギー E をもつ N 粒子からなる任意の熱力学的系に対し，エントロピー関数 $S(E, V, N)$ は，系のあらゆる熱力学的な量を計算するもとになる。
2. 体積 V の中に閉じ込められ，全エネルギー E をもつ N 粒子からなる任意の熱力学的系に対し，エントロピー関数 $S(E, V, N)$ は平衡で最大になる（以下を見よ）。

以下は補足コメントである：

(i) 系に含まれる N 粒子は原子でも分子でもよい。粒子は並進，振動，回転などに関連したエネルギーをもっていてもよい。成分が c 個ある場合は，N をベクトル $(N_1, \cdots, N_c)$ と見なせばよい，ここで，N_i は種類 i の分子数（あるいはモル数）である注6。
(ii) 系の体積は対象としている特定の熱力学的系の境界によって定義される。我々は常に，系が巨視的であることを仮定する，すなわち，系の大きさは粒子の分子半径などに比べて十分大きいとする。さらに，表面効果は無視できると仮定する注7。また，系に働く外場は存在しないと仮定する注8。
(iii) 系の全エネルギー E には原子や分子のすべての内部エネルギーおよび相互作用のポテンシャルエネルギーが含まれる。実際には，全エネルギーは，常に任意に設定されたゼロに対して定義される。第一法則は，本質的には外界と熱や仕事を交換することによって起こる内部エネルギーの変化分に関する記述である。

3.6 エントロピー関数 $S(E, V, N)$ の基本的性質

(iv) 最大とは何に関してであろうか？

微積分学において，関数 $y = f(x)$ が単一の極大値をもつというのは，ある x の値が存在し，その x における y の値が，他のどのような x の値に対して得られる y のすべての値に比べても最大になることを意味する．関数は2つ以上の極大値をもつこともある．その場合には，それぞれの極大は局地的に定義しなければならない．関数 $y = f(x)$ が点 x^* で極大値を取ることに対する数学的な要請は

$$\left. \frac{\mathrm{d}f(x)}{\mathrm{d}x} \right|_{x=x^*} = 0 \tag{3.56}$$

および

$$\left. \frac{\mathrm{d}^2 f(x)}{\mathrm{d}x^2} \right|_{x=x^*} < 0 \tag{3.57}$$

で与えられる．

この要請は，関数の $x = x^*$ における**傾き**がゼロで，**曲率**が負になることを意味する［図 3.7(a)］．

一般化して，関数 $w = f(x, y, z)$ が与えられ，ある点 (x^*, y^*, z^*) でその関数が極大になるという場合には，x, y および z をその点の近傍で変化させたとき w がその点での値より必ず小さくなることを意味する．この極大に対して，$f(x, y, z)$ の変数 x, y および z に関する微分についての，式 (3.56), (3.57) と同様の条件が成り立つ．たとえば，関数 $f(x, y) = -(x^2 + y^2) + 40$ は $x = y = 0$ で単一の極大をもつ［図 3.7(b)］．

いくつかの第二法則の定式化において，系のエントロピーは平衡状態におけ

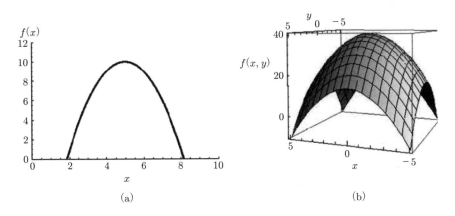

図 3.7 (a) 関数 $f(x)$ の極大，(b) 関数 $f(x, y)$ の極大．

る最大値に向かうというような記述が見られる．このような記述は2つの観点から欠陥がある．第一に，この記述ではどのような**関数**が最大になるのかわからない，また，第二には，エントロピーがどの**変数**に関して最大なのか特定していない．変数の特定なしに"エントロピーは常に最大に向かう"という一般的な記述は成り立たない．

熱力学では，独立変数を好きなように選ぶことができる．たとえば，1成分系に対しては，独立変数として E, V, N を選んでもよいし，T, V, N あるいは T, P, N, 等々を選ぶことも可能である．独立変数の選び方に応じて，$S(E, V, N)$, $S(T, V, N)$, $S(T, P, N)$ といった異なるエントロピー関数が得られる．

明らかに，独立変数の組の選び方および対応するエントロピー関数は多数存在する．熱力学第二法則をエントロピーに適用するときは，**特定のエントロピー関数 $S(E, V, N)$ に対してのみ成り立つ**のである．これが，この特別な関数を**基本的エントロピー関数**と呼ぶ理由である．

さて，"どの変数に関して最大か？"という質問に答えよう．

上に示された数学的例において，関数を $f(x)$ のように表せば，$f(x)$ は変数 x に関して最大（極大）であることがわかる．$f(x, y, z)$ の場合には，最大（極大）は，独立変数 x, y および z の変化に関してである．一般に，関数は引数に関して最大（極大）であるということが暗黙のうちに了解される．すなわち，$f(x)$ における x, あるいは，$f(x, y, z)$ における x, y, z に関しての最大（極大）であると考えるのである．熱力学では，まず，系を記述する独立変数，例えば，E, V, N あるいは T, V, N, などを選ばなければならない．次に，数学の例題とは異なり，エントロピー関数は独立変数の組 E, V, N に関して最大になるのではないことに注意する．逆に，これらの変数は一定に保たれなければならない．$S(E, V, N)$ の最大値を得るために我々が変化させるのは，E, V, N **を一定に保つ条件下での内部分布**なのである．

図 3.8 には，関数 $S(E, V, N)$ が実際，E, V および N の単調増加関数であることが示されている．さらに，3つの曲線はどれも上に凸である．これは，エントロピーの，変数 E, V および N への依存性に関する重要な特性である．

本章では，SMI が粒子の位置と運動量のあらゆる可能な**分布の仕方**に関して最大になることを見てきた．同じことが関数 $S(E, V, N;$ 分布$)$ についても成り立つ．ここで，関数 $S(E, V, N)$ に対し，新しい引数"分布"(distribution) を加えている．次章で巨視的な特性をもつ"分布"の例を見ることになろう．この段階では，第二法則を次のように定式化することができる：

E, V および N を固定した系に対して，エントロピー関数 $S(E, V, N)$ は

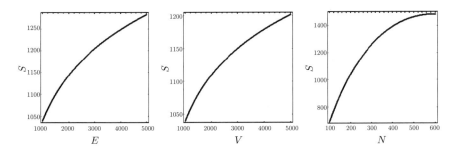

図 3.8　エントロピー関数 $S(E, V, N)$ の E, V および N に関する一般的な依存性。

あらゆる可能な内部分布に関して最大値を取る。

この法則は理想気体だけでなく非理想気体など任意の系に対して成り立つものであることに注意せよ。この法則は，具体的な関数 $S(E, V, N)$ がわかっているかいないかに関わらず成り立つ。重要なことは，変数 E, V, N は一定に保たれているという点である。そのような系は孤立系と呼ばれ，外界と相互作用しておらず，外界との間で，エネルギーや体積，物質のやりとりがない。

もう一度強調しておくが，エントロピーを E, V, N の関数として見たときにのみ，エントロピー最大の法則が成り立つのであり，最大になるというのは，変数 "分布" に関して最大になるのである。それは，エントロピー関数 $S(T, V, N; 分布)$ や $S(T, P, N; 分布)$ などに対しては成り立たない。第 4 章において，$S(E, V, N)$ がその変数に関して最大になるような具体的な変数の例をいくつか論じよう。ここでは，引数 "分布" の具体的な中身については特定しないでおく。ただし，"分布" というのは，平衡状態における分布を意味することだけは注意しておく。4.7 節に示される例を見よ。

3.7　第 3 章のおわりに

本章では，SMI の特殊な例として，理想気体のエントロピーの概念を導入した。SMI からエントロピーを導いた道筋を概念的に理解することは大切である。

最初に，情報の一般的概念から出発する。我々は，情報の詳細な定義は知らないが，情報がどんなものであるかはわかっている。シャノンは情報の測度を探索し，1 つ見つけた。それは任意の情報に対するものではなく，ある種の情報に対するものであった，すなわち，分布が明確に定義されている情報に対するものであった。我々はこの測度をシャノンの情報測度（SMI）と呼ぶことにした。明らかに，我々が SMI を定義できる情報の種類は，膨大な，実際に無限に

多くの異なる種類の情報からなる集合のほんの一部に過ぎない．図3.9に，いろいろな種類の情報の間の関係を概略的に示した．"一般的情報"として示される外側の部分は，範囲を明確には示せない領域である．この図で伝えたいことは，SMIが情報という概念の非常に小さな部分集合に関して定義されているということだけである．"一般的な情報"に関する測度を定義できるかどうかは，決して明白ではない．また，SMIが一般的な情報に適用できるかどうかも，全く明らかではない．したがって，この段階では，我々はSMIを適用できる情報の概念を"抽出した"だけである．

SMIによって示される部分集合はSMIそのものではなく，それに関してSMIを定義することのできるすべての可能な分布を指しているということを認識すべきである．存在しうるあらゆる一般的な情報に比べれば，この部分集合が非常に小さいということは直感的にも明らかであろう．しかし，この部分集合はそれでも実際には非常に大きいものなのである．その部分集合には，無限に多くの分布が含まれている，例えば，硬貨を投げることに関連した分布，サイコロを転がすことに関連した分布，膨張気体の体積測定に関連した分布，特定の言語のアルファベットにおける1つの文字の出現頻度に関連した分布等々．

SMIを定義できる，この大きな部分集合の範囲内に，"エントロピー"を定義できるさらに小さな部分集合を，図3.9では同定している．この部分集合には，**平衡にある熱力学的な系に関連したすべての分布**が含まれる．明らかに，これは，SMIが定義可能なあらゆる分布に比べれば，分布のほんの小さな部分集合にすぎない．

熱力学におけるエントロピー最大の原理と他のすべての分野における最大SMIを定式化する場合には，深遠な点が存在する．熱力学においては，エントロピーの最大は平衡状態という制限を受けた**多様体**に関するものである［Callen (1985) および第4章における例を見よ］．他のすべての場合では，そして特に本章で議論した場合においては，SMI最大の原理をあらゆる可能な分布に関す

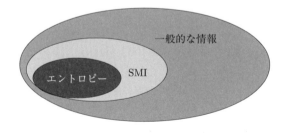

図**3.9** エントロピー，SMIおよび情報の一般的概念の間の関係を表す概略図（本文を見よ）．

るものとして用いる．我々がエントロピーとして同定するのは，SMI の最大値だけである．SMI を最大にする分布以外のすべての分布については，系は平衡ではない．したがって，そのような分布に対しては，エントロピーが定義もされないのである．

この章で導かれたエントロピーは，付加定数の任意性を除き，また特別な単位を選択するという条件の下で，クラウジウスが導入した熱力学的なエントロピーに等しいことがわかる．概念的には SMI とエントロピーは，互いに大きく異なるものである．しかしながら，どちらも分布に含まれる，あるいは分布に関連した情報の測度になっている．この意味で，エントロピーは SMI の特殊な場合であるといってよい．一方で，SMI なら何でもエントロピーであるということはできない．残念ながら，SMI をすべてエントロピーと呼ぶことは普通に行われていることで，シャノン自身によってもそのように使われた．

"一般的な情報" から SMI，エントロピーへと導く概念の流れと論理的な段階を一度理解してしまえば，エントロピーの導出を覚えておく必要はない．熱機関の考察から生み出された概念であるエントロピーが，情報のある種の測度以外の何ものでもないということがわかったことを知って，感心し，ちょっと驚いたことであろう．見かけ上非常に異なる 2 つの概念のこの結びつきは，温度と粒子の運動エネルギーの間の結びつきに負けず劣らず驚くべきことである．

読者は，ここで示された，理想気体のエントロピーに対する方程式を得る手続きが，ザックール–テトローデの方法と基本的な点で異なっていることに着目すべきである．

ザックールとテトローデは，体積 V の中に含まれる理想気体の**状態数** W を計算した．ひとたび W が得られれば，ボルツマンの関係式 $S = k_B \ln W$ を用いてエントロピーを計算することができる．この手続きは，理想気体の正しいエントロピーを与えるが，エントロピーの**解釈**を提供してはくれない．本章で用いた手法では，W を計算して，エントロピーを求めたわけではない．その代わりに，我々は平衡にある理想気体に対して，（位置と運動量の分布に関する）SMI の最大値を直接に計算した．次いで，この SMI が（付加定数を除いて）理想気体のエントロピーに等しいことを示した．この同一性のため，我々が求めたエントロピーは，SMI と同じ意味，同じ解釈をもつことになる．

このエントロピーの新しい概念に関して心地よさを感じていただけるのではないかと思う．このエントロピーという言葉の元々の意味は無視して，単にこれが SMI であること，そして，SMI が何であるかということを覚えておいて欲しい．また，エントロピーが定義されるのは，少なくとも熱力学においては，平衡状態に対してのみであることも忘れないで欲しい．さらに，エネルギー E,

体積 V,粒子数 N が固定された熱力学的系に対して,エントロピーはあらゆる可能な分布に関する最大値をとる。これらの分布は,平衡状態に関連したものである。さもなければ,エントロピーは定義さえできない。熱力学に関係のある分布の具体例は,第 4 章で論じられる。

第4章

いくつかの例とその解釈：エントロピーのいろいろな記述子に対する挑戦

本章ではいくつかの過程の例を示す。ほとんどは孤立系における自発的過程であるが，自発的でないものもある。しかし，初期状態および終状態は熱力学的に明確に定義されているので，これらの過程に対するエントロピー変化は，理想気体のエントロピーに対する具体的表式から計算することができる。したがって，我々が計算しようとしているものは，系の2つの平衡状態間の，SMIの差である。これらの差は，定数係数を除いて，熱力学あるいは統計力学によって計算されるエントロピーの差に等しいことがわかる。

1つひとつの例について，直感的解釈を調べてみる必要がある。SMIの差の計算値とエントロピーの差の間で定量的な一致を見た後で，解釈を探すということを認識するのが肝要である。すべての例に対し，直接的な直感的解釈が得られるわけではない。しかし，エントロピーの差をSMIの差として計算してきたので，SMIに対するものとして受け入れられている解釈をエントロピーの差を解釈するのに利用することができる。読者の皆さんは，これらの例を練習問題と見なして，詳しい計算を実行し，できれば自分自身の解釈を適用してみて欲しい。

4.1 理想気体の膨張

これはおそらく最も簡単な例である。系は分離壁でわけられた2つの空間からなる。左側には N 個の単純な，相互作用していない粒子（たとえば，単純理想気体）が体積 V の中に入っている。体積 V の右側の空間には何も入っていない（真空である）。全系は孤立していて，全エネルギー（この場合は，含まれる粒子の運動エネルギーの総和からなる）は一定である。

隔壁を取り除くと，自発的に起こる過程は，気体が全体積 $2V$ を占めるようになる膨張過程である（図4.1）。

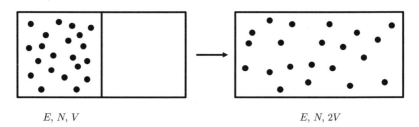

図 4.1 理想気体の V から $2V$ への膨張。

熱力学においては，この過程に対するエントロピーの変化を次のように計算する．

$$\Delta S = \int_V^{2V} \frac{nR}{V} dV = nR \ln \frac{2V}{V} = nR \ln 2 \qquad (4.1)$$

この結果は，純粋な熱力学から得られる[1]．ここで，n は粒子のモル数，R は気体定数である．ここで取り上げる例では，ほとんどの場合，モル数の代わりに粒子数 N を用いる．

同じ結果は，理想気体に対するエントロピーの表式からも得られる．すなわち，式 (3.55) をこの過程に適用して，次式を得る．

$$\Delta S = N k_B \ln \left(\frac{2V}{V} \right) = N k_B \ln 2 \qquad (4.2)$$

ここで，N は粒子数，k_B はボルツマン定数である．$N k_B = nR$ なので，この結果は熱力学の結果と完全に一致する．式 (4.2) は，第 3 章の式 (3.55) から導かれていることに注意せよ．したがって，このエントロピーの変化は，定数係数を除いて N 個の区別できない粒子に対する位置の SMI の変化に等しい．式 (3.55) を導出する際，SMI の連続変数版を用いたことを思い出して欲しい（3.1 節で，連続変数に対する SMI には発散部分があり，問題であることを注意した）．しかし，SMI の差を計算する際には，発散部分は打ち消し合うのである．

SMI の変化を別の方法で導いてみるのは教育的である．そうすることは，この過程におけるエントロピーの変化を解釈するのに重要である．

体積 V を M 個の非常に小さなセルに分割したとしよう．$M \gg N$ となるように M を選んでおく．この場合，M 個のセルにおける，N 個の区別できない

---

[1] 訳注：熱力学の基本的関係式 $dU = TdS - PdV$（U，P は内部エネルギーと圧力）でエネルギー一定の条件 $dU = 0$ を用いれば，$dS = (P/T)dV$ となり，理想気体の状態方程式 $PV = nRT$ によって P を消去すれば，$dS = (nR/V)dV$ が導かれる．式 (4.1) はこれを積分した形になっている．

粒子に対するSMIは以下のように計算される。

$$SMI_{初期状態} = \log_2 \frac{M^N}{N!} \quad (4.3)$$

$$SMI_{終状態} = \log_2 \frac{(2M)^N}{N!} \quad (4.4)$$

つまり，初期状態では，N個の粒子をM個のセルに分配する配置は$M^N/N!$個あり，終状態では配置数は$(2M)^N/N!$個になる。粒子間に相互作用はないので，どの配置も同じ確率をもって実現されると考えてよい。したがって，この過程におけるSMIの変化は

$$\Delta(SMI) = \log_2 \frac{(2M)^N}{(M)^N} = N \log_2 2 \quad (4.5)$$

となる。

解釈を考える前に，一息ついて，この結果を検討してみよう。任意のMに対して，式(4.3)，(4.4)からもわかるように，SMIは明らかにMに依存する。しかし，SMIの差はMによらないことに注意せよ。また，SMIの変化はN個の粒子が区別できても，できなくても同じである。このことは，同じ実験を多成分系で実施したとしても，全粒子数Nが変わらなければ同じ結果を得るということを意味する。式(4.5)で表される結果は，N個の粒子がすべて異なっているという極端な場合にも同じになる。

したがって，$M = 1$と選ぶこともできる，すなわち，体積Vの1個のセルにして，任意の種類のN個の粒子を考える。結果の式(4.5)は同じになるであろう[2]。この結果は，式(4.5)における量に対する，非常に単純な解釈を示唆する。我々は，1つの粒子が左右どちらの空間に位置するかということだけに関心があるとしよう。2つの空間の体積が等しいとすれば，1つの粒子が最終状態でどちらの空間に見出される確率も1/2となる。初期状態では，すべての粒子が左側の空間にあり，我々は各粒子の位置に関する情報（左右どちらの空間にあるかという意味での情報）をもっていることになる。このため，初期にはSMIは0である。つまり，各粒子の位置はわかっているので，質問をする必要がない。終状態では，各粒子がどこにいるかを知るために1つの質問をしなければならない。失われた情報の量は1ビットである。したがって，N粒子系に対しては，情報量はNビットになる。

式(4.5)に定数$k_B \ln 2$をかければ，この過程における熱力学的エントロピー

---

[2] 訳注：ここの議論は少し無理がある。なぜなら，式(4.3)，(4.4)のSMIを導く際に，条件$M \gg N$が仮定されているからである。$M = 1$の場合，この条件は満たされていない。

の変化が得られる。エントロピーの変化を，N粒子を2つの空間のどちらかに配置するのに必要な情報量によって解釈するという説明は，熱力学的エントロピーの変化とN粒子の位置に関するSMIの変化を同一視することによって達成される。ここで，位置というのは右あるいは左の特定の空間を意味する。したがって，ΔSは位置のSMIにおける違いに他ならない。

同じ実験を，系のエネルギー（この場合は全粒子の運動エネルギーのみ）が異なる場合に繰り返すこともできた。そうしたとしても，結果の式(4.1)は同じであり，その結果を位置のSMIで解釈することも同じである。

同じ過程を定温条件の下で行うこともできるが，（外界からの，あるいは外界への仕事がなされない限り）結果は同じである。この場合（理想気体なので），定温条件は系の全エネルギーが一定である条件と等価である。したがって，同じ実験を異なる温度で実行したとしても，気体が理想気体である限り，エントロピーの変化ならびにその変化を位置のSMIによって解釈することは不変である。この結論は自明と思うかもしれないが，驚いたことに，この結論を受け入れない著者もいるのである[注1]。

練習問題：図4.2に示されている膨張過程を考えよう。理想気体が体積Vから新しい体積$3V$に膨張する。エントロピーの変化を計算し，位置のSMIによって結果を解釈せよ。

さて，図4.1における自発的過程で起こっていることに対する他の定性的解釈を簡単に考察してみよう。

最も古くからなされている解釈は，無秩序の増加というものである。より小さな体積に閉じ込められている粒子系は，より大きな体積に広がっている粒子系に比べ，より"秩序化"していると考えられる。明らかに，この解釈は非常に主観的である。何が秩序で何が無秩序かに関しては人によって違った見方をもっているので，別の人はこの過程を無秩序の増加として解釈することに同意

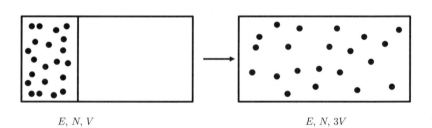

図 **4.2** 理想気体のVから$3V$への膨張。

しないかもしれない。

もう1つの解釈は，広がりによるもので，エネルギーあるいは粒子が，より小さな体積からより大きな体積に広がるという解釈である．我々は単純な粒子からなる理想気体を仮定しているので，系の全エネルギーは，粒子の運動エネルギーの総和である．したがって，この場合にはエネルギーの広がりと粒子の広がりは等価と考えられる．

さらに別の定性的解釈は，情報によるものである．ここで，我々は"情報"という言葉を日常的な意味で用いている．つまり，必ずしもシャノンの意味で用いているわけではない．ここでも，ルイスが述べていたように，"情報"の損失の感覚がある．粒子系が左側の領域だけにある場合，粒子の位置が"より詳細に"決められていたことを，我々は知っていた．そして，その情報がこの膨張過程によって失われるのである．ルイスの立場とは異なり，我々はSMIを使わない限り，この情報の損失がエントロピーの変化に等しいと主張することはできない．

最後に，自由による解釈も取り上げるべきであろう．結局のところ，隔壁を取り除くことで，各粒子は小さな体積のかごから解放され，より大きな空間を自由にさまようことができるのである．

要するに，これらはすべて，隔壁を取り除き，気体がより大きな体積を占められるようにしたときに起こることに対する定性的な解釈ないし記述子である．これらの記述子からは，たとえそれらが正しいものだとしても，それらの記述子の中に，エントロピーの正当な解釈が存在するという結論は必ずしも得られない．正当な解釈であるためには，エントロピーの変化と過程の記述子の変化の間に，（定数係数は別にして）定量的な一致がなければならない．

また，これらの記述子はすべて，我々が隔壁を取り除いたときに起こる分子的事象に対して，我々がどのようなイメージを抱いているかに関わっていることに注意すべきである．我々が自分の目で実際に見るものは，図4.3に示されている過程のようなものであろう．ここで，我々が目にすることについての唯一の記述子は，色のついた気体が膨張し，全体積$2V$にわたって一様に広がるというものである．

4.2　2つの理想気体の混合を含む過程

エントロピーと無秩序の関係を示すために最もよく用いられる過程の例の1つに，図4.4(a)に示されている混合の過程がある．熱力学あるいは統計力学のほとんどすべての教科書に，以下のような一連の理由づけが書かれている：

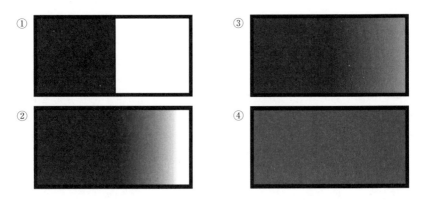

図 4.3 色のついた気体が V から $2V$ に膨張する際に我々が目にする実際の事象。

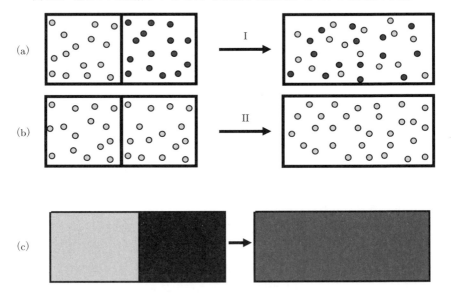

図 4.4 2つの異なる気体の混合過程 (a) および同種気体の "混合" 過程 (b)。どちらの過程でも各粒子が動きまわれる空間の体積は V から $2V$ に変化する。(c) 我々の目で観る混合過程。

1. 混合の過程は，系により大きな無秩序をもたらす過程であると考えられる。
2. 無秩序の度合いの増加はエントロピーの増加と関連づけられる。
3. この過程におけるエントロピー変化は正である。

したがって，結論として，この過程におけるエントロピーの変化は混合の結果であり，エントロピーの増加を無秩序の増加に関連づける考え方とも矛盾し

ない。

著者の中にはさらに1歩進めて，熱力学の第二法則は宇宙が常に秩序から無秩序に向かうことを意味すると結論づける人もいる。第二法則のこの点については，第5章で論じよう。

これらの結論の妥当性を検証する前に，単純な理想気体の混合を含むいくつかの簡単な例を調べておこう。

4.2.1 2つの理想気体の混合

図4.5(a) に図示された過程を見てみよう。左側には2つの分離された空間があり，一方には気体Aの分子が，体積 V の中に N_A 個含まれ，その系の全エネルギーは E である。また，もう1つの空間には気体Bの分子が，体積 V の中に N_B 個入っていて，全エネルギーは E である。右側の図では，同じ体積 V の中に，$N_A + N_B$ 個の分子の混合系が入っていて，全エネルギーは $2E$ である。分子間には相互作用は働いておらず，分子は内部構造をもたないと仮定する。すなわち，我々が扱うのは単純粒子からなる理想気体である。したがって，各系のエネルギーはすべて，粒子の並進運動エネルギーによるものである。また，気体分子Aと気体分子Bの間にも相互作用はないとする。たとえば，ネオンとアルゴンの気体を考えればよい。したがって，左側の状態から右側の状態へと変化する過程において，各粒子が動きまわれる空間の体積は変化せず，粒

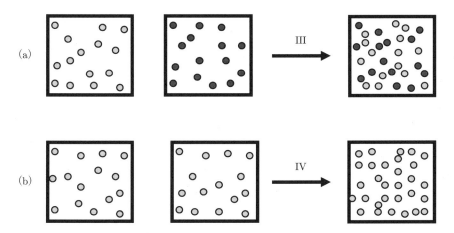

図 **4.5** 2つの異なる気体の混合過程 (a) および同種気体の"混合"過程 (b)。ここでは，各粒子が動きまわれる空間の体積は変化しない。

子系の全エネルギーも変化しないことになる。

明らかに，上述の過程は自発的な過程ではない．しかし，左側の系から，**可逆過程**によって右側の系が得られることはよく知られている[注2]．ここで，**可逆**というのは，エントロピーの変化を伴わない過程を意味する．この過程は，準静的過程と呼ばれる非常にゆっくりとした過程と混同されることがある．この特別な過程をどのように実現するかに関する詳細は，Ben-Naim (2008) を見よ．

ここで興味があるのは，その過程の実施方法ではなく，左右の状態でエントロピーがどのくらい違うかということだけである．この違いは，熱力学や統計力学を用いて計算できる．結果は次のようになる．

$$\Delta S_{\mathrm{III}} = 0 \tag{4.6}$$

また，左側の状態から右側の状態に移行する際のSMIの変化を計算することができる．このためには，エントロピーの表式を任意の理想気体の混合系に一般化しなければならない．結果は次のようになる．

$$\Delta(SMI) = 0 \tag{4.7}$$

最後の結果の解釈は非常に簡単である．この混合の過程においては，各粒子が動きまわれる体積に変化はない．したがって，位置のSMIには変化がないことになる．さらに，全エネルギーは変化せず，速度（運動量）の平衡分布がマクスウェル–ボルツマン分布であることもわかっているので，運動量のSMIにも変化がない．同じ過程を定温条件下（すなわち，恒温槽の中）で行うこともできるが，結果は同じになる．

この単純な実験の重要な結論は，我々は2つの気体の混合を**観測**するが，SMIは変化しないということである．理想気体のSMIの表式は，理想気体のエントロピーの表式と正確に一致しているので，**混合それ自体は，この過程におけるエントロピー変化に何ら影響していない**と結論づけることができる．この特殊な過程においては，位置のSMIも運動量のSMIも変化せず，したがって，図4.5(a) の左側から右側に移行する際に，エントロピーは変化しない．

混合を無秩序の増加に関連づけ，無秩序の増加をエントロピーの増加に関連づけるならば，多くの教科書に書かれている結論同様，混合をエントロピーの増加に関連づけなければならないという結論に達することになる．

このように，混合を無秩序に関連づけることは，定性的には正しく，直感的にも受け入れられるが，無秩序をエントロピーの増加に関連づけるのは間違いである．したがって，混合をエントロピーの増加に関連づけることも間違いである．

熱力学の教科書をよく読んでいる読者は，混合をエントロピー増加に関連づける説明は図 4.5(a) に示される過程に対してなされるのではなく，図 4.4(a) に示される過程に対してなされるのが普通であるということを指摘して（この指摘はある程度正しいのであるが），この項における結論に異議を唱えるかも知れない．このコメントは正しいが，上述の結論も，扱う混合過程の種類によらず正しいのである．以下の 2 つの項で，混合を含む別の過程を 2 つ，さらに調べることにしよう．

4.2.2　2 つの理想気体の混合と膨張

図 4.4(a) に示されている過程は非常に単純である．初期には，前の過程にあったのと同じ系，すなわち，分離された部分系あるいは空間を用意する；それぞれの粒子数は同じ $N = N_A = N_B$ であるが，分子種は異なる．また，それぞれ，同じ体積 V および同じエネルギー E をもつ．

ここで，4.2.1 項において純粋な混合と呼んだ過程とは対照的に，2 つの部分系を隔てている壁を取り除き，何が起こるか観察する．誰でも予測できるように，2 つの気体の自発的混合が起こる．しかし，混合がエントロピーの増加に関連していると結論を急いではいけない．この項の最後まで読んで，どのような結論が適合するか判断して欲しい．

図 4.4(a) の過程に対するエントロピー変化を，熱力学あるいは統計力学を用いて計算することができる．

$$\Delta S = 2Nk_B \ln\left(\frac{2V}{V}\right) = 2Nk_B \ln 2 \tag{4.8}$$

一方で，この過程における SMI の変化分を計算するのに，理想気体の混合系のエントロピーに対する式を使うことができる．

$$\Delta(SMI) = 2N \log_2\left(\frac{2V}{V}\right) = 2N \tag{4.9}$$

練習問題：2 つの部分系の温度，体積は等しいが，粒子数については $N_A \neq N_B$ であるような，もう少し一般的な場合におけるエントロピー変化および SMI の変化を計算せよ．

式 (4.8) と (4.9) では，体積 V を消す前の中間段階を加えた．この段階は，エントロピーおよび SMI の変化が各粒子の動きまわれる空間の**体積**変化のみによっていることを示しているという意味で重要である．いい換えれば，エントロピーの変化は，粒子に関する位置の SMI における変化によっている．粒子

数は全部で $N_A + N_B = 2N$ 個である．各粒子が動きまわれる体積は，V から $2V$ に増加した．これは，図 4.1 に示された理想気体の膨張におけるエントロピー変化の原因と全く同じである．違いは，膨張過程における N 個の粒子に比べて，ここでは $N_A + N_B$ 個の粒子が存在していることだけである．したがって，図 4.4(a) に示される過程は，熱力学的に，2 つの膨張過程と等価である．N_A 個の粒子が体積 V から $2V$ へ膨張し，別の N_B 個の粒子も V から $2V$ に膨張する．この過程に関しては，粒子の同一性は影響しない．混合それ自体は，系のエントロピー変化に一切寄与していない．

これは注目すべき結果である．任意の 2 種類の気体を考えよう．例えば，アルゴンとキセノン，あるいはメタンとエタンを考え，それらを図 4.4(a) の過程のように混ぜ合わせる．エントロピーの変化は同じように $2Nk_B \ln 2$ となり，位置の SMI の変化によるエントロピー変化の解釈も同じで $2N$ になる（すなわち粒子 1 つひとつが左右どちらの空間にあるかを見出すためにそれぞれ 1 つの二値質問をしなければならない）．

この過程を相当考察したギブスは，いわゆる"混合エントロピー" $2Nk_B \ln 2$ が，粒子の種類 A と B によらないという事実に，明らかに困惑したと思われる．A と B が別のものである限り，すなわち，区別できる粒子である限り，エントロピー変化は同じである．4.3.2 項で，A と B が同種である場合を論じることにしよう．

ここでは，読者に，一休みして次の質問を熟考することを強く勧めたい．もしも図 4.4(a) に示される過程のエントロピー変化が，A と B の混合に起因するものであるとすれば，エントロピーの変化量は粒子 A と B のタイプに依存すべきであると期待されるであろう．実際には，気体の種類が異なる場合の ΔS は気体分子のタイプによらない．この発見は，全く悩ましいものである．しかしながら，いったんエントロピー変化が，位置の SMI の変化だけによるということを認識すれば，謎は完全に解消する．各粒子は，その種類によらず，動きまわれる体積を V から $2V$ に変える．したがって，SMI の変化は単に $2N$（あるいは $N_A + N_B$）になり，対応するエントロピー変化は $2Nk_B \ln 2$ となる，すなわち，粒子の数だけに依存し，粒子の種類にはよらない．

一休みして考えてみよう：図 4.4(a) における過程で，分子がどのように振る舞うかわかっていないとしよう．観察しているのは図 4.4(c) における過程だけである．エントロピー変化を，系で起こっていることについてあなたが目にする変化だけで説明することができるか？

ギブスは，いわゆる"混合エントロピー"が混ぜ合わされる粒子の種類によ

らないという事実に悩まされたが，図 4.4(a) における混合の過程が膨張過程と同等であり，それ以外の何ものでもないということを認識し損ねた。このことに気づいていれば，図 4.4(a) の過程における ΔS を膨張のエントロピーと呼んだであろうし，**混合のエントロピー**と呼ぶこともなかったであろう。この認識は，いわゆる混合のエントロピーに関連した謎を解消するのに有用である。4.3 節で同種気体の"混合"について論じよう。これは，いわゆるギブスのパラドックスに関連したものである。ここでは，図 4.4(a) におけるエントロピー変化に関する結論は自明なものではなく，純粋な熱力学的議論では導けないものであるということだけを強調しておこう。図 4.4 の過程 I と過程 II を比較すれば，過程 I は，異なる種類の粒子が含まれるが，過程 II では 2 つの空間に同種の粒子が含まれるという点を除いて，2 つは同じ過程である。ギブスは，隔壁を取り除くことによって，各粒子が，体積 $2V$ の中を動きまわれるようになることは認識していた。しかし，過程 I におけるエントロピー変化は $\Delta S_\mathrm{I} = N k_\mathrm{B} \ln 2$ であるのに対し，過程 II では，$\Delta S_\mathrm{II} = 0$ である。どちらの過程でも体積 V から $2V$ への同じ膨張が起こっていることを認めれば，次のような疑問がわいてくる。2 つの過程で ΔS が異なっている理由は何か？

過程 I では混合が見られるが，過程 II では何も起こっていないように見えるという議論をするのは容易である。したがって，過程 I における混合が $\Delta S > 0$ の原因であり，II で何も変化がないのは $\Delta S = 0$ と矛盾しないというのは正しいに違いない。この結論はまた，過程 I は自発的であるという事実，および過程 I における混合を無秩序の増加と見なすことと矛盾しない。これらの議論は，ギブスを含む無数の科学者達が到達した間違った結論，すなわち，過程 I におけるエントロピー変化は混合によるものであるという結論へと導くものであり，したがって，"混合エントロピー"という呼び名が使われているのである。4.3 節で，ギブスが到達したもう 1 つの間違った結論について述べることにしよう。次の項で，普通は教科書で扱われることはないが，混合をエントロピー変化の原因と考えることがなぜ間違いなのかを理解するために重要な，もう 1 つの過程を取り上げよう。

4.2.3 2 つの理想気体の分離と膨張

図 4.4 の過程 I では，2 種類の気体の混合が自発的過程であることを見た。ここでは，分離の自発的過程を考える。

タイプ A の粒子 N_A 個と，タイプ B の粒子 N_B 個が小さな体積 v の中で混

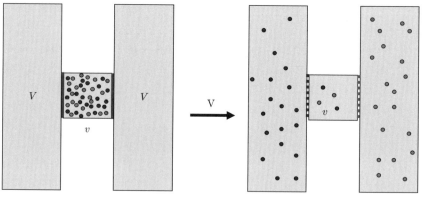

$$\Delta S_V = (N_A + N_B) k_B \ln(V/v) > 0$$

図 4.6 分離の自発的過程。

ぜ合わされた状態から出発する。系の壁の1つを，タイプAの粒子だけが透過できるものに置き換える。また，反対側の壁を，タイプBの粒子だけが透過できるものに置き換える。系は全体として孤立しており，2つの透過可能な壁に隣接する体積は，それぞれ V であるとする（図 4.6）。

透過できない壁を2つの透過可能な壁で置き換えることで，自発的過程が引き起こされ，A粒子（黒色）は右側に，B粒子（灰色）は左側に流れ出る。明らかに，体積 V が大きいほど，初期体積 v から対応する体積 V に流出する粒子数は多くなる。$V \gg v$ であるように選べば，ほとんどのA粒子は右側の体積 V に流出するだろう（その数を N'_A とする），またほとんどのB粒子は左側の体積 V に流出するだろう（その数を N'_B とする）。明らかに，体積 V が大きければ大きいほど，初期のAとBの混合系の分離がより完全になる。

ここで，透過不能な壁を閉じて，この過程に対するエントロピー変化を熱力学あるいは統計力学から計算すると，結果は以下の通りである。

$$\Delta S = N'_A k_B \ln\left(\frac{V}{v}\right) + N'_B k_B \ln\left(\frac{V}{v}\right) \qquad (4.10)$$

この過程における位置のSMIの変化を計算することもできる。

$$\Delta(SMI) = N'_A \log_2\left(\frac{V}{v}\right) + N'_B \log_2\left(\frac{V}{v}\right) \qquad (4.11)$$

また，最初の体積 v に残された混合気体を可逆的に分離することも可能であ

ることに注意する。残された混合気体はタイプ A の粒子が $(N_A - N'_A)$ 個とタイプ B の粒子が $(N_B - N'_B)$ 個含まれる。この部分は 4.2.1 項で述べたように，エントロピー変化には寄与しない。

したがって，混合気体の分離を，孤立系における自発的過程で，ほぼ完璧に成し遂げたということができる。$V \gg v$ の場合には，N_A と N'_A，ならびに N_B と N'_B の違いを無視することができ，式 (4.10) の代わりに，次のような近似的な結果が得られることに注意せよ。

$$\Delta S = N_A k_B \ln\left(\frac{V}{v}\right) + N_B k_B \ln\left(\frac{V}{v}\right) > 0 \quad (4.12)$$

このエントロピー変化の解釈は，4.2.2 項で論じた場合のものと同じである，すなわち，粒子の種類によらず，動きまわれる体積が v から V に増加したために，各粒子に対する位置の SMI が増加するという解釈である。

ここでは特殊な分離過程に着目したので，分離が自発的な過程であり，したがって分離がエントロピーの増加を招くという誤った結論に達するかもしれない。強調しておくべき点は，図 4.4 の過程 I でも，ここで扱っている図 4.6 の過程でも，エントロピー変化の原因は位置の SMI が増加することにあるということである。過程 I で我々が混合を見るという事実，ならびに v から V への過程で我々が分離を見るという事実は，これらの過程におけるエントロピー変化にとってはどうでもよいことなのである。

練習問題：図 4.6 と同じであるが，初期に体積 v の中にあるのが，同じ種類の $2N$ 個の粒子である場合の過程を考察せよ。A あるいは B が透過できる分離壁を置く代わりに，単純に壁を取り払い，粒子が右にも左にも流出できるようにする。この場合のエントロピー変化，SMI 変化を計算せよ。

練習問題：過程 I において，過程を逆転させて終状態から初期状態に戻すために，どれほどの仕事が必要か計算せよ。また，過程 II を逆転させるのに必要な仕事はどれくらいか？

この項で扱った分離過程（図 4.6）に対しては，2 つの異なる透過可能な分離壁を用いたが，1 つの透過可能な分離壁だけを用いても完全な分離を達成できる。次の練習問題はエフゲニー・コブリギン（Evgenii Kovrigin）によって提案されたものである。

練習問題：図 4.6 のように，体積 v の中にある A と B の混合気体を考えよう。今回は，右側の壁だけを，サイズが小さい方の粒子 A だけを透過させる新しい壁で置き換える。体積比 V/v が N_A に比べてずっと大きく，例えば $V/v = 10 N_A$

であり，N_A が 10^{23} の程度である場合，何が起こるだろうか？ 最初の体積内における A の最終的濃度を計算せよ．また，この過程におけるエントロピー変化を計算せよ．

4.3 理想気体の融合を含む過程

4.2 節で，図 4.4 に示されている過程 I と II を比較した．純粋に熱力学的な考察にもとづけば，過程 I には目に見える混合が起こっているので，混合が $\Delta S > 0$ の理由であると結論するのは，ごく自然なことである．過程 II では，目に見える変化は起こっていないので，$\Delta S = 0$ ということになる．しかし，分子論的な観点からは，エントロピー変化の原因は全く違ったように解釈される．過程 I では，エントロピー変化は 2 つの気体の膨張に起因するのであって，混合に起因するのではない．一方，過程 II でエントロピー変化が 0 であるのは，何も起こっていないからという理由からではなく，むしろ，2 つの過程が起こっていて，それらのエントロピーへの影響が打ち消し合っているからなのである．

熱力学はエントロピー変化の解釈を与えないし，与えることもできないということを理解するのは重要である．エントロピー変化に対する分子論的な解釈を見つけられるのは，統計熱力学の範囲においてのみである．統計熱力学は，我々が目にするもの（すなわち，混合）が必ずしもエントロピー増加の原因ではないことを教えてくれる．統計熱力学は同時に，エントロピー変化に影響を与えるが，熱力学的な目では見えない別の因子を我々に見せてくれる．それが，本節で扱う**融合**（assimilation）効果である．融合効果は，量子力学にその源泉があることを注意すべきである．粒子が区別できないことを考慮するために，因子 $N!$ を最初に加えたのはギブスであるが，おそらく彼は，この節で議論するものを含めたいろいろな過程における融合の意味を完全には理解していなかったと思われる．

4.3.1 純粋な融合過程

図 4.5(b) に図示されている過程を考えよう．左側では，2 つの部分系があり，それぞれ体積 V の中にエネルギー E をもつ N 個の粒子が入っている．右側では，1 つの体積 V の中に，全部で $2N$ 個の粒子が，エネルギー $2E$ で入っている．この過程は，4.2.1 項において論じられた A と B の純粋な混合と類似のものである．違いは，ここでは A と B が同種の粒子であるという点でだけある．

この過程におけるエントロピー変化を熱力学あるいは統計力学で計算すれば，

次のようになる。
$$\Delta S = -2Nk_B \ln 2 \tag{4.13}$$

エントロピーは $|\Delta S|$ だけ減少する。図 4.5(a) の純粋な混合では，エントロピー変化が 0 であったことを思い起こそう。その変化は，A と B が互いに区別できるものである限り，その種類によらず 0 である。A と B を同じものにした途端，エントロピー変化は負になる。なぜか？

いつものように，熱力学はこの疑問に答えてはくれない。熱力学が推測できるのは，この過程が，本質的に理想気体を体積 $2V$ から V に圧縮する過程と同じであるということだけである。つまり，図 4.7 に示されている過程のように，第 1 段階では "何も起こらず"，エントロピーも変化しない。第 2 段階では体積が変化し，圧縮が起こる。エントロピーの変化は，したがって，体積が $2V$ から V に変化すること，あるいは同じことであるが，4.1 節で論じた膨張過程の逆過程に起因するのである。

統計力学は全く違ったシナリオを示す。この過程におけるエントロピー変化を計算すると［詳細については，Ben-Naim (2008) を参照のこと］，次のようになる。
$$\Delta S = k_B \ln \left[\frac{(N!)^2}{(2N)!} \right] \tag{4.14}$$

N が非常に大きい極限で，スターリングの近似公式が使える場合には，
$$\ln N! \approx N \ln N - N \tag{4.15}$$

となり
$$\Delta S \to -2Nk_B \ln \left(\frac{2N}{N} \right) = -2Nk_B \ln 2 \tag{4.16}$$

を得る。これは式 (4.13) と同じである。ここでわかることは，因子 $\ln 2$ の出所

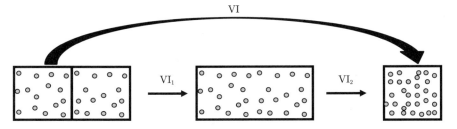

図 4.7　2 段階で実行される純粋な融合：分離壁の除去（その結果，融合と膨張が起こる）とそれに続く圧縮。

は，熱力学で誤った推測をしたように，体積変化にあるのではなく［4.1 節の式 (4.8) も見よ，そこでは $\ln 2$ が，$\ln(2V/V)$ から得られた］，この過程に含まれる区別できない粒子の数の違いにある。

図 4.5(b) の左右 2 つの系に対する SMI の違いはどれほどであろうか？

理想気体の SMI，式 (3.55) を用いて，

$$\Delta(SMI) = -2N\log_2 \frac{2N}{N} = -2N\log_2 2 = -2N \tag{4.17}$$

を得る。

図 4.5(b) に示されている過程において注意すべきは，位置の SMI に変化はなく，運動量の SMI にも変化はないことである。変化があるのは，区別できない粒子の数だけである。N 個の区別できない粒子からなる 2 つのグループから，$2N$ 個の区別できない粒子からなる 1 つのグループへと変化する。この過程に関わる粒子はすべて同一であり，それぞれの箱の中にある粒子は互いに区別できないが，異なる箱に入っている粒子は，区別できるということも注意すべきである。

したがって，融合過程とは，同じ粒子であるが区別できていたものを，区別できなくする過程であると定義できる。最も単純な融合過程は，体積 V の中の 1 つの粒子を，同種の粒子 N 個を収容している同体積の別の箱に移すというものである。この過程は，溶媒和の研究で重要である注3。粒子の移動前には，左側の箱に入っていた 1 個の粒子は，右側に入っている N 個の粒子と同じであるが，区別できていた。その粒子を移動させることにより，区別ができなくなり，その粒子が右側の箱の中で N 個の粒子と融合されたということができる。図 4.5(b) における過程では，左側の箱に入っていた N 個の粒子が，右側の箱の N 個の粒子と，あるいは右側の箱の N 個の粒子に融合されたといえる。

3.2 節で見たように，区別可能性の消失は，系の SMI を減少させる。したがって，図 4.5(b) に示される過程で，エントロピー変化は融合によるものであるということができる。そのことは，系における**相互情報**を初期の $2\log_2 N!$ から最終的な $\log_2(2N)!$ に変化させたために，系の SMI が変化したということに相当する。

図 4.5(b) の過程におけるエントロピー変化をこのように解釈するのは，熱力学から引き出そうとした解釈と大いに異なっている。それはまた，ギブスのパラドックスと呼ばれた問題を解消するのに役立った，図 4.4 の過程 I と II における別のエントロピー変化に対する解釈と重要な関連をもつ。この点については，次の項で論じられる。

4.3.2 融合と膨張の過程

これは，おそらく，熱力学的見方と分子論的見方の間のギャップが最も大きくなる過程である．図 4.4(b) の過程 II を考えよう．すでに指摘したように，巨視的には何も起こっていないように見える．それぞれ，体積 V の中に，エネルギー E をもつ N 個の粒子を収容している 2 つの空間の間の分離壁を取り除いても，物質の流れやエネルギーの流れ，あるいは運動量分布の変化は観測されない．したがって，この過程でエントロピーが変化しないのは，何も起こっていないからであるという結論に達するのは自然である．

分子論的あるいは微視的な見方は全く違っている．統計熱力学の手法を用いて，この過程におけるエントロピー変化が次のように求められる．

$$\Delta S = 2Nk_\mathrm{B} \ln\left(\frac{2V}{V}\right) - k_\mathrm{B} \ln\left[\frac{(2N)!}{(N!)^2}\right] > 0 \tag{4.18}$$

ΔS には 2 つの異なる寄与があることに注意せよ．最初の項は，4.1 節で論じた膨張過程において得られたものと全く同じものである［式 (4.6) を見よ］．式 (4.18) の右辺第 2 項は，純粋な融合の過程で得られたものに正確に一致する［式 (4.14)］．

式 (4.18) の ΔS が常に正であることを示すのは容易である．これは次の不等式から導かれる．

$$\begin{aligned} 2^{2N} &= (1+1)^{2N} \\ &= \sum_{i=1}^{2N} \binom{2N}{i} = \sum_{i=1}^{2N} \frac{(2N)!}{i!(2N-i)!} > \frac{(2N)!}{N!N!} \end{aligned} \tag{4.19}$$

式 (4.19) の右辺における不等式は，たくさんの正の項から 1 つだけを取り出すことから得られる．式 (4.19) の自然対数を取り，正の定数 k_B をかければ，不等式 (4.18) が得られる．したがって，任意の有限な N に対して，過程 II におけるエントロピー変化は正である．しかしながら，熱力学においては，非常に多くの粒子からなる系を扱う．N がアボガドロ数程度の場合には，階乗 $N!$ に対するスターリングの近似式を使うことが許されるので，式 (4.18) から，以下の結果を得る．

$$\Delta S \approx 2Nk_\mathrm{B} \ln 2 - k_\mathrm{B} 2N \ln 2 = 0 \tag{4.20}$$

このように，分子的な目で見れば，過程 II は 2 つの過程，膨張と融合からなることがわかる．最初の膨張はエントロピーの増加を引き起こし，次の融合ではエントロピーの減少が起こるので，正味の効果としてエントロピーの変化は

ほとんどゼロとなる。エントロピーの変化がほとんどないというのは，"何の過程もない"ことによるのではなく，エントロピー変化が互いに打ち消し合う2つの過程の結果なのである。

N が有限である場合のこの過程に対する SMI の変化は

$$\Delta(SMI) = 2N \log_2 2 - \log_2 \frac{(2N)!}{(N!)^2} > 0 \tag{4.21}$$

となる。

N 個の区別できない粒子からなる系の SMI を計算する際に，我々は必ずしも巨視的に大きな N に限定する必要はない。式 (4.21) における SMI の変化は，任意の N に対して成り立つ表式である。一般に，全配置数を計算するために正確な統計を用いる際には，注意深く行わなければならない[注4]。しかしながら，本節の目的のためには，この過程におけるエントロピー変化がほとんどゼロになるのは2つの効果によるものであると指摘しておけば十分であろう。各粒子の位置に関する SMI は増加し，初期状態と終状態の間の相互情報が変化する。2つの効果は，N が大きな極限では，近似的に互いに打ち消し合う。

この過程を熟考し，異なる気体の混合過程 [図 4.4(a)，過程 I] と比較検討を行ったギブスは，2つの空間の間の隔壁を取り除くとき，それぞれ体積 V に閉じ込められていた粒子が体積 $2V$ の中で動きまわれるようになるという意味で，膨張過程が含まれることを十分に認識していたことは注意すべきである。しかし，ギブスはまた，粒子が区別できないことも認識していた。したがって，彼は，最初左側にあった粒子をすべて左側の空間に，右側にあった粒子をすべて右側の空間にそれぞれ戻すという意味で，過程 II を**逆転**することが不可能であるという結論に達した。

ギブスはさらに，過程 I における自発的混合は逆転できることも認識していた。このためには，仕事を注入しなければならない。これを成し遂げるには，まず，2つの空間を可逆的に分離し，その後，2つの気体を圧縮する（図 4.8）[3]。

一方で，粒子が区別できないため，ギブスは過程 II を逆転することは "絶対に不可能である" と結論づけた[注5]。しかしながら，ギブスは，同じ理由で過程 II が逆転できない —— "絶対に不可能である" —— という結論に達することに慣れてしまっていたことを認識し損なったのである。実際，過程 II の逆転は明らかに可能である。単純に分離壁を元の場所に置けば，初期状態に戻すことができる（図 4.9）。

ギブスの結論は少々逆説的に見える。（異なる気体の）混合過程 I は**自発的で**

---

[3] 訳注：図 4.5(a) の逆過程，具体的には図 4.6 の方法を用いればよい。

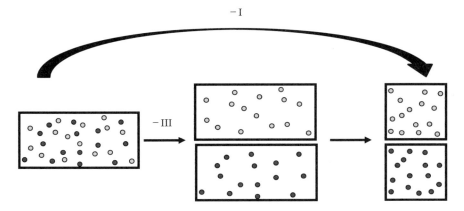

図 4.8　混合過程を 2 段階で逆転する方法：まず，混合体を可逆的に分離し，各気体を $2V$ から V に圧縮する。

図 4.9　図 4.4(b) における過程 II の逆転。

あり，したがって，（$\Delta S > 0$ という熱力学的な意味で）不可逆であるが，（エネルギーを注入すれば）逆転も可能である．第二の過程 II は（$\Delta S = 0$ という熱力学的な意味で）可逆であるのに，逆転することは絶対にできないとギブスは主張するのだ．この話題に関してもっと詳しいことを知りたい読者は，Ben-Naim (2008) を参照されたい．

次の例に進む前に，読者の皆さんは，過程 II の場合に他の記述子 —— 秩序，拡散，情報，自由 —— が適用可能かどうか，じっくり考えてみていただきたい．熱力学的に見る限り，過程 II では何も起こっていないということを認識すれば，これらの記述子はどれも，この過程で変化するはずはないという結論が得られるので，これらの記述子すべてが見かけ上はうまく行っていることになる．一方，これらの記述子はいずれも，2 つの打ち消し合う効果を説明することはできない．これらの効果は互いに打ち消し合って，エントロピーの変化をゼロにするのである．

4.3.3 純粋な反融合を含む自発的過程

キラル中心をもつ分子,たとえば2つの異なるエナンチオマー d と l をもつアミノ酸であるアラニンを考えよう[4]。初期に $2N$ 個の純粋な d のみの分子があるとしよう。触媒を加えることによって,半分の分子が,d から l に変換されるという過程を考える。この過程はラセミ化[5]と呼ばれる [図4.10(b)]。

SMIによる解釈は簡単である。我々は $2N$ 個の区別できない粒子から出発し,最後には,d という種類の N 個の区別できない粒子と,もう1つ l という種類の N 個の区別できない粒子を得る。各粒子が動きまわることのできる体積には変化がないので,**位置のSMIは変化しない**。この過程では,区別できない粒子の数だけが変化する。したがって,この過程は純粋な反融合 (deassimilation) 過程と呼ばれる。この過程の情報科学的な解釈は Ben-Naim (2008) で詳しく述べられている。

一休みして考えてみよう:図4.10(b) に示される系のうち,より"秩序的"なのはどちらか? エネルギーの"広がり"がより大きいのは? 粒子の"自由"がより大きいのは?

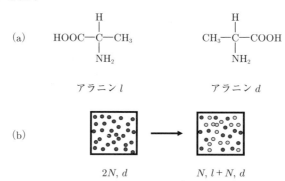

図 4.10 (a) キラル中心をもつ分子,アラニン。(b) 反融合の自発的過程。

4.3.4 非局在化過程と共有エントロピー

我々は,4.3.1項において,2つのエントロピー項が膨張と融合の過程で打ち

---

[4] 訳注:3次元図形や物体がその鏡像と重ねられない場合,キラリティがあるという。分子のキラリティのもとになる原子をキラル中心と呼ぶ。互いに鏡像関係にある立体異性体を鏡像異性体(エナンチオマー)という。

[5] 訳注:ラセミ化は旋光性の減少・消失を意味する。

消し合っていることを知った。この打ち消し合いは $N \to \infty$ の極限でも成り立っている。粒子数が任意の有限値の場合，この過程における SMI は常に正である注6。

$$\Delta(SMI) = 2N \log_2 2 - \log_2 \frac{(2N)!}{(N!)^2} > 0 \tag{4.22}$$

$N = 1$ という極端な場合を考えてみよう。この過程は図 4.11 に示されている。分離壁を取り除く過程における SMI の変化は，粒子が異なっているか，区別できないかに依存する。

2 つの異なる粒子の場合，

$$\Delta(SMI) = 2 \log_2 2 = 2 \tag{4.23}$$

となる。これは，各粒子の動きまわれる空間の体積が増えた結果である。

2 つの区別できない粒子の場合，SMI の変化は粒子がボゾンかフェルミオンかによって異なると考えられる。ここでは，その違いを無視して，粒子はマクスウェル–ボルツマン分布に従うと仮定しよう［Ben-Naim (2008) を見よ］。この場合，式 (4.22) を $N = 1$ に適用する。

$$\Delta(SMI) = 2 \log_2 2 - \log_2 \frac{2!}{(1!)^2} = 2 - 1 = 1 \tag{4.24}$$

これは SMI 変化の明確な値である。右辺第 1 項は各粒子の動きまわれる空間の体積が増えたことによるものであり，第 2 項は 2 つの粒子の融合によるものである。$\Delta(SMI)$ のこの変化がエントロピー変化として意味のあるものかどうかは明白ではない。しかしながら，融解理論の歴史において，この過程の拡張が考察されたことがある。2 つの別々の箱の中の 2 つの粒子の代わりに，N 個の粒子それぞれが，体積 v の小さな箱に入れられている初期状態から始める。この系のすべての隔壁を取り除く。この仮想的な過程は図 4.12 に示されている。初期に，N 個の粒子は 1 つひとつが大きさ v のセルに閉じ込められている，ここで $v = V/N$ である。粒子間のすべての隔壁を取り除き，各粒子が全体積

図 **4.11** 2 つの粒子の膨張と融合。

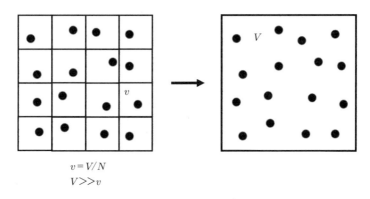

$v = V/N$
$V \gg v$

図 4.12　N 個の粒子の "非局在化" と "融合"。

V の中を動きまわれるようにする。この過程のエントロピー変化は，次のように見積もられる：$\Delta S = S_f - S_i = k_B N$。

　この変化 ΔS は "共有エントロピー" (communal entropy) として知られるものである。このエントロピーは，元々固体の融解，すなわち粒子の局在から非局在への変換を説明するために導入された。まず第一に，初期状態の各セル内の粒子は局在しているわけではなく，セル内で自由に動きまわれるということに注意する必要がある。第二に，$\Delta S = k_B N$ という結果は，初めに考えられていたように "体積を分け合う" ことだけによるものではなく，SMI を増加させる効果と減少させる効果の 2 つの効果から引き起こされるものである。この過程における SMI の変化は，具体的に

$$\Delta(SMI) = N \log_2 \left(\frac{V}{v}\right) - \log_2 N! \tag{4.25}$$

となる。この過程におけるエントロピー変化は，次のように計算される：

$$\Delta S = S_f - S_i = k_B N \ln\left(\frac{V}{v}\right) - k_B \ln(N!)$$
$$= k_B N \ln(N) - k_B \ln(N!) \approx k_B N \qquad (N \to \infty) \tag{4.26}$$

　SMI による解釈では，2 つの効果が認識できる。各粒子が動きまわれる体積が v から V に変化することによる SMI の正の変化，および融合に起因する負の変化である。初期には，すべての粒子は（同一ではあるが）区別することができ，終状態ではそれらが区別できなくなる。この部分は，粒子間の相関により，SMI を常に減少させるように働く。SMI の正味の変化は正となる。

　元々，"共有エントロピー" は，非局在化過程としての融解のエントロピーを

説明するものと考えられた。各粒子は初期には，固体において格子点に拘束されている粒子のように，セルに閉じ込められている。融解に際して，各粒子は全体積 V を動きまわれるようになる。SMI による解釈は大幅に違っている。この解釈では，非局在化の効果に加えて，粒子が区別できる状態から区別できない状態に変換されることに起因する相関効果があることも示される。この相関効果は SMI を減らすように働く。したがって，式 (4.25) における $\Delta(SMI)$ の値は意味があるが，式 (4.26) における ΔS が，図 4.12 に示された過程に対するエントロピー変化としてどの程度意味があるかは明白ではない。

4.4　重力場下における理想気体の膨張

体積 V の中の N 粒子からなる気体系を考え，温度 T が与えられているとしよう。温度一定に保って，気体をより大きな体積 MV へ膨張させる場合，エントロピー変化は，定エネルギー過程に対して計算したものと同じになる，すなわち，

$$\Delta S(膨張) = Nk_\mathrm{B} \ln\left(\frac{MV}{V}\right) = Nk_\mathrm{B} \ln M \tag{4.27}$$

このエントロピー変化の解釈は，4.1 節で論じた膨張過程に対するものと同じである。次に，同じような過程を重力場下で実行する（図 4.13）。まず，重力場のない場合に，気体を V から MV に膨張させ，次に重力場を"導入"する。この 2 つの段階は，図 4.13 に示されている。第一段階では，エントロピー変化は式 (4.27) に与えられている $\Delta S(膨張)$ になる。第二段階では，鉛直方向に沿って密度の再配分が生じる，具体的には次のようなボルツマン分布になる。

$$\rho(z) = \rho(0) \exp[-\beta mgz] \tag{4.28}$$

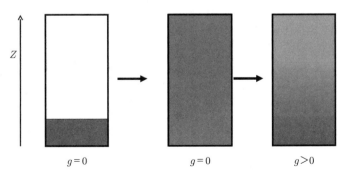

図 4.13　重力場下にある気体の定温膨張。

ここで、$\rho(0)$ は $z=0$ における気体の密度である、ただし、z は容器の底から測った高さである。また、m は粒子 1 個の質量、g は重力加速度[6]を表す。図 4.14 は、温度を固定し、$m=1$、$k_B=1$ とした場合の、いろいろな g の値に対する密度分布 $\rho(z)$ を示している。期待されるように、$g \to 0$ の極限で一様な分布に近づき、g が大きくなるにつれて、気体は容器の底の方に蓄積する傾向が強くなる。

図 4.13 の第二段階における系のエントロピー変化は、統計力学的手法で計算できる [例えば Ben-Naim (1992) を見よ]。定性的には、この段階でエントロピーが減少することは明らかである。図 4.15 には、いくつかの異なる温度に対し、一様分布からボルツマン分布に変わることによるエントロピー変化 ΔS を g の関数として描いてある。期待されるように、温度が低いほど密度の非一様性は強くなり、エントロピーの減少も大きくなる。いい換えれば、重力場を導入することの効果は、高温よりも低温でより顕著になる。

全エントロピー変化に対する解釈としては、二段階での気体状態の変化を記述するのに、無秩序、広がり、あるいは情報などの定性的な記述子を用いることができる。しかし、これらの記述子のいずれも、重力場下の理想気体に対するエントロピーの正味の変化を定量的に見積もる方法を与えてはくれない。さらに、これらの記述子は、いずれも密度分布の正確な形を予言することができない。

SMI は、この過程における密度分布の形と（定数係数を除いた）エントロピー

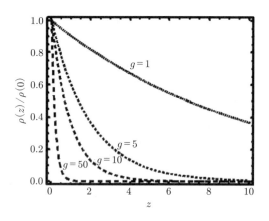

図 4.14　異なる g の値に対する重力場中の密度分布。

---

[6] 訳注：原文では、重力場の強度の測度と表現されている。ここでは、g を仮想的に変えられるものと考えて議論している。

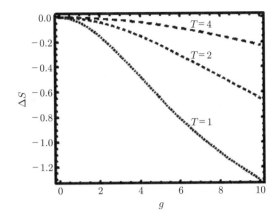

図 **4.15** 図 4.13 に示された過程の第二段階におけるエントロピー変化を異なる温度に対して描いたもの。

の正味の変化を両方とも予言できる．計算の詳細は非常に込み入っている．興味のある読者は Ben-Naim (2008) を参照されたい．しかしながら，ボルツマン分布が SMI の最大値を与えることを認識するのは重要である．これは，最大の**無秩序**でもなければ，最大の**広がり**でもないし，いわんや最大の**自由**でもない．

挑戦的な問題

図 4.13 に記述されている過程では，重力場のない系から始める．最初に，気体を体積 V から MV に膨張させ，次に重力場を"導入する"．体積 V の気体から出発するが，最初から重力場が存在しているとしたとき，何が起こるか，定性的に述べよ．今度は，気体を V から $2V$ に膨張させる，あるいは同じことであるが，高さを H から $2H$ に変える．その際，系は孤立しているものとする（すなわち，E と N は一定である）（図 4.16）．この過程でエントロピーの変化に寄与する因子は何か[注7]？ また，エントロピー変化をあなたのお気に入りの記述子で説明できるだろうか？

もっと挑戦的な問題

実験の設定は前問とほとんど同じである．図 4.16 に示されているような，高さ $(0, H)$ の間にある体積 V を気体が満たしているという初期状態の代わりに，初期状態として図 4.17 のようなものを考える，すなわち，気体は同じ大きさの体積 V を満たしているが，その位置は，高さが H と $2H$ の間にある．今度は，前問の"上方への"膨張ではなく，"下方への"膨張を考える．この膨張におけるエントロピー変化への寄与を定性的に述べよ，ただし，この場合も系は孤立し

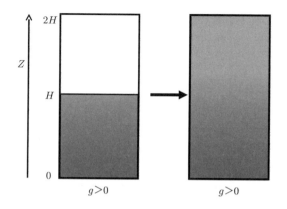

図 4.16 理想気体の（上方への）膨張。

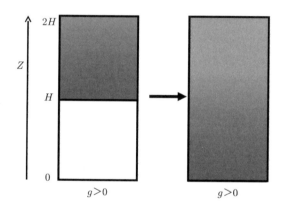

図 4.17 理想気体の V から $2V$ への（下方への）膨張。

ているものとする注8。あなたのお気に入りのエントロピーに対する記述子で，エントロピーの変化を説明できるだろうか？

4.5 速度分布の変化を伴う過程

熱力学の第二法則を定式化する際に用いられた自発過程の古典的な例の1つは，高温物体から低温物体への熱の移動過程である。

巨視的な熱力学の範囲内では，温度 T_A と T_B の2つの物体 A と B があり，$T_B > T_A$ である場合に，微少な熱量 dQ が B から A に移動すると仮定して，次の結果を導くことは容易である。

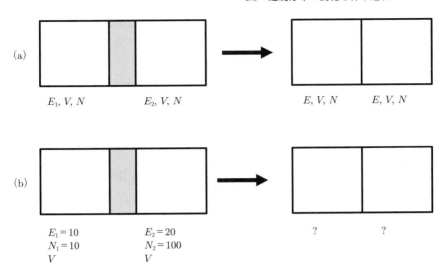

図 4.18 (a) 高エネルギーの系から低エネルギーの系への熱の移動 $E_1 > E_2$。(b) 低エネルギーの系から高エネルギーの系への熱の移動。

$$dS = dS_A + dS_B = \frac{dQ}{T_A} + \frac{(-dQ)}{T_B}$$
$$= \frac{dQ(T_B - T_A)}{T_A T_B} > 0 \qquad (4.29)$$

明らかに，この計算は我々がすでに知っている次のことを確認しているだけである。熱は高温物体から低温物体に移動する，すなわち，$dQ > 0$ および $T_B - T_A > 0$ である。熱力学は，エントロピーの増加に対する**解釈**を何も与えてはくれない。

私の知る限り，エントロピーの記述子の中に，この過程のエントロピー変化に対する定性的な解釈を与えるものは存在しない。一方，SMI はこのエントロピー変化に対し，定量的な測度を与えている。

最も単純な例は，理想気体系のエントロピー変化に対するものである。1つの系は E_1, V, N で特徴づけられ，もう1つの系は E_2, V, N で特徴づけられる［図 4.18(a)］。我々は，系のエネルギーはすべて分子の運動エネルギーによるものであることを知っているし，$E_1 > E_2$ という条件も与えられている。また，この例においては，エネルギーが大きいということは，粒子の平均運動エネルギーがより大きいこと，したがって，温度がより高いことを意味している。

初期に，2つの系は孤立している（断熱壁によって隔てられている）。断熱壁を伝熱壁で置き換える。我々は，熱が高エネルギー物体から低エネルギー物体

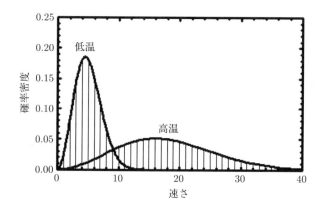

図 4.19 異なる温度に対する速さの分布。

へ流れるのを目にすることになろう。

一休みして考えてみよう

1. 2つの系が E_1, V_1, N_1 および E_2, V_2, N_2 によって特徴づけられ, $E_1 > E_2$ が成り立っているものとしよう [図 4.18(b)]。これらの系を熱的に接触させた場合, 熱がどちらの方向に流れるか説明できるだろうか？
2. 熱が低エネルギーの系から高エネルギーの系へ流れるような実験を提案できるだろうか？

図 4.19 に, 温度の異なる 2 つの系における粒子の速さ[7]に対するマクスウェル–ボルツマン（MB）分布を示す。2 つの異なる温度にある系の, 速度に関する 2 つの分布を比較することによって, 低温側から高温側に移行する際, 分布は速さのより広い領域に広がることがわかる。この曲線の変化は, 日常的な言葉の意味で, **無秩序の増加**, 速さの領域の広がりの増加, あるいは**情報欠損**の増加として記述することも可能である。また, 別の表現がお好みならば, 分子がより広い速さの領域へより多くの自由を獲得したと表現することもできよう。

しかし, 注意して欲しいのだが, これらの解釈は, 我々が分布の形, すなわ

---

[7] 訳注：原著では, speed と velocity が曖昧に使われている。訳では前者を速さ, 後者を速度としているが, 本来速度はベクトル量であり, 速さはその絶対値を表すものである。ここではどちらも速度の意味で用いられているようである。本書では, 原著の雰囲気をなるべく損なわないように, 原則として speed は速さ, velocity は速度と訳すことにした（例外はある）。

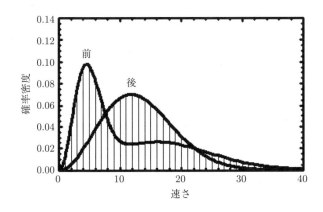

図 4.20　熱の伝達過程の前と後での図 4.18(a) における結合系の速さ分布。

ち，速さのマクスウェル–ボルツマン（MB）分布を知っているから可能なのである。しかし，これらの記述子は，平衡でこの特別な分布が実現する理由を説明できない。SMI を用いる手法の範囲内でのみ，（1 次元系における）速度の正規分布が SMI を最大にするものであることを証明できる。これは，1 次元の場合に，シャノン自身によって示された。正規分布が SMI を最大にすることの定性的な証明は Ben-Naim (2010) に示されている。つまり，マクスウェル–ボルツマン分布は SMI を最大にする。それは，最大の無秩序でもなければ，最大の広がりでもないし，ましてや最大の自由でもない。

　より挑戦的な問題は，2 つの異なる温度にある同じ系を比較するのではなく，異なる温度にある 2 つの系の間における熱の移動過程を調べることである。図 4.20 は 2 つの物体を接触させる前と後での速さの全体的な分布を示している。この過程では，高温物体の速度分布はより鋭くなるが，低温物体のそれはより平坦になる。正味の結果は図 4.20 に示されている。

　MB 分布が最大の確率をもつものであることはよく知られている。このことは 100 年以上も前から知られていることである。これは，どのような系も "放っておけば，最も確からしい無秩序な状態に急速に移行する" というボルツマンの観点とも一致する。ボルツマンの著述から，"無秩序な" という形容詞が，系の状態変化を記述するためだけに用いられていることは明らかである。最終的な平衡状態に達する理由は，この状態が最も確からしい状態だからである。第二法則のこの点については第 5 章で論じよう。

　シャノンは自身の情報理論において，分散が一定のすべての分布の中で，ガウス分布が SMI を最大にすることを示した。MB 分布における分散は粒子の平

均運動エネルギーに関係しているので，(1 次元系における) 速度の MB 分布は SMI を最大にする．したがって，平衡にある分子に対する速さの MB 分布も系の SMI を最大にする．

要するに，温度変化に伴う速さ分布の変化を記述するのに，どんな記述子を用いてもよいが，それらの記述子では，熱の移動過程におけるエントロピー変化について定性的で直感的な解釈を提供できない．SMI はそれを定量的にも提供してくれる．さらに，SMI は速さ分布の具体的な形に関する質問にも答えを与えてくれる 注9。

4.6 分子間相互作用の効果

これまで，我々は理想気体，すなわち，相互作用しない粒子の系を扱ってきた．粒子間に相互作用を導入したらどうなるであろうか？

本節を理解するためには，対相関関数の概念に慣れておかなければならない．

まず，仮想的な思考実験を考えよう．一定の温度 T で体積 V の中に閉じ込められた N 個の相互作用する粒子の系から出発する．次に，すべての分子間相互作用を"切断する"．このような過程がエントロピーを増加させることはよく知られている．詳細については Ben-Naim (2008) を見よ．

もちろん，そのような実験を実験室で行うことはできない．しかし，そのような思考実験でエントロピーの増加が引き起こされることを，統計力学による計算で示すことは可能である．統計力学はまた，分子間力の"導入"により，粒子の位置の間に相関が発生することも示す．これらの相関は，相互情報の形に表すことも可能であり，SMI を減少させることを示すことも可能である [Ben-Naim (2008)]．

上で指摘されたように，分子間相互作用の導入は粒子の位置に関する相関を生み出すことはよく知られている．2.7 節で述べたように，どのような相関であれ，相互情報として解釈することは可能である．ここでは，非常に低密度の古典系に限定して議論することにしよう．この場合，対相関だけが重要で，具体的には，対ポテンシャルを粒子間距離 r の関数として $U(r)$ とするとき，$g(r) = \exp[-U(r)/k_\mathrm{B}T]$ となる (図 4.21)．図 4.21(a) からわかるように，r には本質的に 2 つの領域がある，1 つは $g(r) < 1$ となる $0 \leq r < \sigma$ である．σ は $U(r = \sigma) = 0$ となる距離として定義され，大まかにいえば，σ は粒子の"直径"と考えてよい．この相関は負の相関と呼ばれる．第二の領域は $g(r) \geq 1$ となる $\sigma \leq r < \infty$ である．こちらは正の相関と呼ばれる．どちらの領域も正の相互情報の形で解釈することができる．

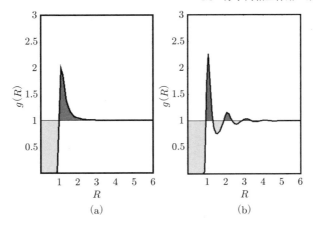

図 4.21 対相関 $g(R)$，ここで $R = r/\sigma$。レナード–ジョーンズポテンシャルが仮定されており，粒子の直径は $\sigma = 1$，特性エネルギーは $\varepsilon/k_\mathrm{B}T = 0.6$ としてある。(a) 低密度の場合，(b) 高密度の場合。

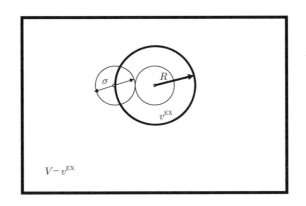

図 4.22 直径 σ の粒子の周りにおける排除体積 v^EX。

各領域を個別に考えよう。

まず領域 $r \leq \sigma$ を考える。

2つの粒子が体積 V の中にあるとしよう。1つの粒子を微小な体積 $\mathrm{d}V$ に見出す確率は $\mathrm{d}V/V$ で与えられる。ここで，次のような問題を設定することができる。第一の粒子の位置が与えられているとき，第二の粒子の位置に関する**条件付き情報**はどうなるか？ $r \leq \sigma$ の領域では，相互作用が斥力となるため，第二の粒子は，第一の粒子の中心を囲む体積 $4\pi\sigma^3/3$ から**排除される**ことは明らかである（図 4.22）。したがって，第二の粒子は，$V - 4\pi\sigma^3/3$ だけ少ない体

積の中に見出されることになる。このことは，第一の粒子の位置が決まっている場合に，第二の粒子が動きまわれる体積が減るという単純な理由で SMI が減少することを意味する。

同様の議論が領域 $r \geq \sigma$ に対しても成り立ち，そこでは正の相関がある。1つの粒子の位置がわかっているならば，その粒子の取り囲む球殻 $\sigma \leq r \leq 2\sigma$ の中に第二の粒子を見出す確率はより大きくなる。1つの粒子の位置を固定することは，他の粒子（の位置）に関する情報を増すことになる。したがって，SMI は減ることになるのである。

この例は条件付き情報や相互情報の解釈力を証明している。そのような解釈力は，エントロピーに対するどのような記述子にも欠けている。

この場合の相互情報は次のように書ける [Ben-Naim (2008)]。

$$I(1,2,\cdots,N) = -\frac{1}{2}N(N-1)\int p(r_1,r_2)\ln g(r_1,r_2)\mathrm{d}r_1\mathrm{d}r_2 \quad (4.30)$$

相関の符号に関わらず，相互情報は常に正であり，そのため系の SMI は減少する。気体の密度が高い場合には，$g(r)$ が正の相関および負の相関を示す領域がいくつか存在する［図 4.21(b)］。上で得られた結論は，どのような密度に対しても成り立つ，すなわち，どのような相関も正の相互情報を与え，その結果，SMI の減少が起こる。このように，SMI は任意の分子間相互作用の影響を定量的に取り入れられることがわかる。それはまた，定性的な解釈も提供してくれる。つまり，どのような相関も，粒子の相対的な配置に関する何らかの情報を与え，したがって，SMI を減少させる効果がある。

挑戦的な問題

全エネルギーが E で体積 V に閉じ込められた，相互作用する N 粒子系から出発するとしよう。隔壁を取り除いて，系を V から $2V$ に膨張させる。全系は孤立している（図 4.23）。図 4.23 の 2 つの過程で何が起こるか説明できますか？何がエントロピー変化に寄与するだろうか[注10]？ どのような記述子でもよいが，エントロピー変化に対するもっともらしい解釈を見つけたら，私に送って欲しい。次の著書にはぜひ紹介させていただきたい。

4.7　3 つの興味深い過程

図 4.24，4.25，4.26 に，孤立系すなわちエネルギー，体積，粒子数が固定された系において起こる 3 つの過程が記述されている。第一の過程（図 4.24）は，膨張過程を一般化したものである。この過程には，（1 つの成分 A の）粒子の，

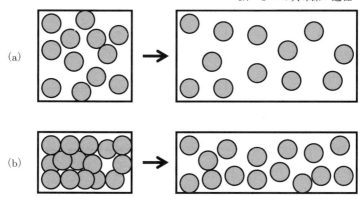

図 4.23 (a) 温度の下降を伴う，相互作用する粒子系の膨張。(b) 温度の上昇を伴う，相互作用する粒子系の膨張。

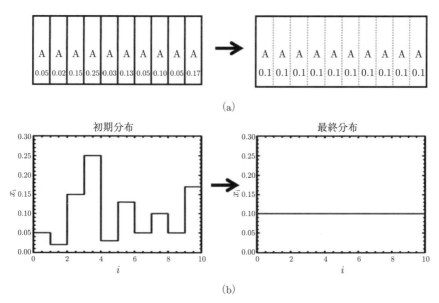

図 4.24 (a) それぞれが同じ化合物 A の理想気体を含む 10 個の領域。各領域内の初期状態における分子の割合が示されている。隔壁を除去した後，各領域における分子の割合は 1/10 である。(b) 隔壁除去の前後における分子の割合をグラフで示したもの。

ある場所から別の場所への流れが含まれる。第二の過程（図 4.25）は，混合過程の一般化である。各領域には異なる種類の分子が入っている。隔壁を除去して気体を混合させる。第三の過程（図 4.26）は，異なる温度にある物体間の熱

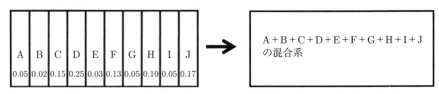

図 **4.25** 図 4.24 と同じであるが，10 個の異なる成分（A, B, C···）が関与している場合。隔壁を取り除いた後は（A, B, C, ···）の混合系になる。

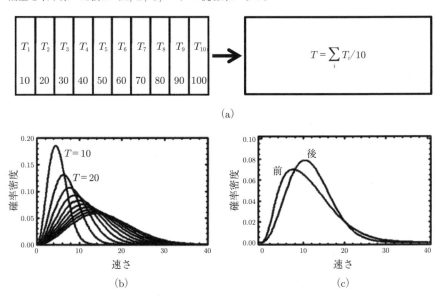

図 **4.26** (a) それぞれが異なる温度（無次元化してある）にある 10 個の孤立領域。熱平衡になった青で，一様な温度は $T = \sum \frac{T_i}{10}$ になる。(b) 各領域における速さ分布。(c) 断熱壁の除去前後における，全系の速さ分布。

の移動を一般化したものである。ここでは，それぞれが異なる温度をもち断熱壁でわけられている 10 個の巨視的な部分系から出発する。すべての隔壁を伝熱壁で置き換え，系が新しい平衡状態に到達するようにする。

　これら 3 つの過程におけるエントロピー変化を直感的，定性的に説明できるだろうか？　私の考えでは，エントロピーの記述子のうち，そのような説明を提供できるものは 1 つもないと思われる。終状態はより無秩序であろうか？　終状態のエネルギーは，初期状態におけるよりも広がっているだろうか？　我々が速度の最終的な分布に関してもつ（日常的な意味での）情報は，初期状態に関してもっていたものよりも少ないのか，あるいは多いのか？

初期状態は平衡状態であるので，3つの過程すべてにおけるエントロピー変化は，式 (3.55) のエントロピー関数によって計算することができる。第一の過程では，SMI は各粒子の位置に関する最終的な分布が一様［図 4.24(b)］であることを予言し，式 (3.55) からは，この過程におけるエントロピー変化が正になることが計算で示される。情報科学的な解釈は，エントロピー変化の定量的な予言から導かれる。

第二の過程（図 4.25）は，異なる気体の同時膨張にほかならない。したがって，SMI は各分子種の位置に関する最終的な分布が一様であることを予言する。その結果，第一の過程の場合と同じ解釈がこの場合にも当てはまる。

第三の例に対しては，SMI を用いて，系内のすべての分子の最終的な速度分布がマクスウェル–ボルツマン（MB）分布になることを予言できる。図 4.26(b) は熱平衡に達する前の各部分系の速さ分布を表している。図 4.26(c) は熱平衡に達する前と後における全系の平均速さ分布を示す。したがって，初期の速度分布が何であれ，領域を隔てている隔壁に関する制限を取り除くことによって，最終的には SMI を最大にする MB 分布が得られることになる。エントロピー変化は，SMI から導かれた式 (3.53) を用いて定量的に計算される。したがって，SMI にもとづく定量的な評価は，SMI にもとづく定性的な解釈をも与えてくれるのである。

4.8　結論

読者の皆さんは，本章で論じられた例題をぜひとも学習し，エントロピーに対する自分のお気に入りの記述子をそれらの例題に適用してみていただきたい。また，伝統的なエントロピーの記述子が適用できないような新しい過程をぜひとも"見つけ出して"欲しい。これらの例題をこなすことができれば，SMI の優れた解釈力を認識することが可能になるだろう。

第5章
熱力学第二法則について

本書の原著タイトル Entropy and The Second Law of Thermodynamics（エントロピーと熱力学第二法則）は，第二法則に関連した2つの課題を反映させるために選ばれたものである．1つはエントロピーの意味，あるいは，エントロピーとは何か？という質問に関連している．2つ目の課題は，第二法則，あるいは，（孤立系の自発的過程において）エントロピーが常に増加するのはなぜか？という質問に関連している．これら2つの質問に対する答えは全く異なったものである．エントロピーが何かを理解しただけでは"なぜ"という質問に答えることはできない．この2つの質問の区別は，エントロピーおよび第二法則を説明しようと努力している科学者達でさえ，常に理解できているわけではない．私の以前の著書で，私は次のように書いた[注1]："エントロピーを情報の測度として解釈できたとしても，それを使って熱力学第二法則を説明することはできないということを，**再度強調しておくべきであろう．**"

この文章は，言葉（原著では英語）を理解できる人なら誰にとっても明らかであろう．その一方で，ある科学者が，この単純な文章を理解できなかったのは残念なことである[注2]．

本書では，何かという質問を扱うのに4つの章を費やした．この最後の章では，なぜかという質問を扱うことにしよう．

第二法則に関連しては，本質的に2つの問題が存在しているが，それらは多くの場合混同されている．1つは，なぜ系は1つの状態から別の状態へ，自発的に発展していくのかという疑問に関連したものである．もう1つは，なぜエントロピーは増加するのかという問題である．これら2つの問題に対する解答は，原理的に異なっているが，相互に関連してもいる．

熱力学の第二法則は，孤立系における任意の自発的過程で，エントロピーは増加すると表現される．第二法則は，エントロピーがなぜ増加するかに関しては，何もいっていないし，そもそも自発的な過程がなぜ起こるのかという疑問

には全く言及さえしていない。

第二の疑問に対する答えは確率論的なものである。確率を相対頻度によって解釈することを受け入れれば[注3]，我々は，系がより高い確率をもった状態にあることをより高い頻度で見出すと結論することができる。具体的に，熱力学的な系においては，5.1 節で示されるように，平衡状態の実現確率がほぼ 1 になる。したがって，系が初期に実現確率が 1 より小さい任意の状態にあったとすれば，その状態は，より高い実現確率をもつ状態へと発展し，最終的には実現確率がほぼ 1 に等しい，我々が**平衡状態**と呼ぶ状態へと達することになる。

孤立系で自発的過程が起こる場合に生じていることを定性的に記述する方法は他にもたくさん存在する。例えば，系は秩序から無秩序へと発展する傾向にある。系のエネルギーは局在している状態から，より広がった状態，あるいは空間的により分散した状態へと変化する。系は情報を失う。粒子はより多くの自由を得ようとする。これらは，ほんのわずかの例である。これらのうちの 1 つとして，すべての自発的過程に対する記述として使えるものはなく，またこれらはどれもエントロピー変化とは等価でないことを示すことができる。

系が平衡状態へと発展するのはなぜかという疑問に答えても，なぜエントロピーが増加するかという疑問に対する答えはまだ得られていない。しかしながら，系の SMI と系の状態の実現確率の間には密接な関係があるので，2 つの問題に対する答えも互いに関連している。この点については次節で論じよう。

5.1　何が自発過程を引き起こすか？

1 つの例について詳しく論じよう。しかしながら，結論はずっと広い範囲に適用できる。

体積 $2V$ の中に，一定のエネルギー E で閉じ込められている，N 個の相互作用しない粒子の系（理想気体）を考えよう。系の体積をそれぞれが体積 V となるように，2 つの部分 L と R に分ける。パラメーター $E, 2V, N$ が与えられているときの系の微視的な状態を定義する。同じ系の巨視的な記述は，$(E, 2V, N; n)$ のように表すことができる，ただし，n は領域 L の中の**粒子数**である。つまり，微視的な記述では，あたかも粒子に番号が $1, 2, \cdots, N$ のように振られているかのように，系の特定の配置が与えられるが，巨視的な記述では，各領域に何個の粒子が含まれるかという情報が与えられる。

明らかに，L に n 個，R に $N-n$ 個の粒子があるということだけがわかっている場合，具体的な配置の数として

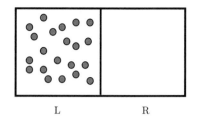 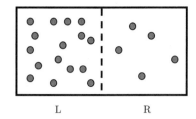

図 5.1 理想気体の膨張実験。分離壁の除去後，気体は 2 つの領域に振りわけられる，L には n 個，R には $N-n$ 個の粒子がある。

$$W(n) = \frac{N!}{n!(N-n)!} \tag{5.1}$$

を得る。この数は，L に n 個の粒子があるという要請と矛盾しない。

統計力学の最初の要請は，系のすべての個々の配置はどれも同じ確率で起こるというものである。個々の配置の総数は，明らかに次のように表される。

$$W_\mathrm{T} = \sum_{n=0}^{N} W(n) = \sum_{n=0}^{N} \frac{N!}{n!(N-n)!} = 2^N \tag{5.2}$$

確率の**古典的な定義**[注3]を用いて，L に n 個の粒子，R に $N-n$ 個の粒子を見出す確率は，次のように書ける。

$$P_N(n) = \frac{W(n)}{W_\mathrm{T}} = \left(\frac{1}{2}\right)^N \frac{N!}{n!(N-n)!} \tag{5.3}$$

$W(n)$ あるいは $P_N(n)$ が n の関数として最大値をもつことは簡単に示すことができる。最大値の条件は（N が非常に大きい場合）

$$\frac{\partial \ln W(n)}{\partial n} = \frac{1}{W(n)} \frac{\partial W(n)}{\partial n} = -\ln n + \ln(N-n) = 0 \tag{5.4}$$

となり，

$$n^* = \frac{N}{2} \tag{5.5}$$

が導かれる。これが最大（極大）であることは，以下の不等式が成り立つことから確かめられる[1]。

$$\frac{\partial^2 \ln W(n)}{\partial n^2} = \frac{-1}{n} - \frac{1}{N-n} = \frac{-N}{(N-n)n} < 0 \tag{5.6}$$

---

[1] 訳注：n に関する微分は常微分で書いておいてもよいと思われるが，N やその他のパラメーター（E，V など）は変えないという意味で偏微分になっていると考えてよいであろう。

したがって，関数 $W(n)$ あるいは $P_N(n)$ は（$E, 2V, N$ を一定に保つという条件下で）n の関数として最大値をもつことがわかる．$W(n)$ の最大値は

$$W(n^*) = \frac{N!}{\left[\left(\frac{N}{2}\right)!\right]^2} \tag{5.7}$$

であり，対応する確率は

$$P_N(n^*) = \frac{W(n^*)}{2^N} \tag{5.8}$$

となる．任意の N に対し，配置数 $W(n)$ あるいは確率 $P_N(n)$ を最大にする n の値が存在することに注意せよ．したがって，初期に任意の分布 n 個と $N-n$ 個が2つの領域に入るように系を準備し，自発的に発展させれば，系の状態はより低い実現確率のものから，より高い実現確率のものへと変化するであろう．N が増えると，配置の最大数の値 $W(n^*)$ は N とともに**増大する**．しかし，確率の最大値 $P_N(n^*)$ は N とともに**減少する**[注4]．

この事実の意味を認識するために，次のような例を考えてみよう．

(a) $N=2$

粒子の総数が $N=2$ であると仮定しよう．この場合，以下のような配置と対応する確率が得られる：

$$\begin{aligned} &n=0, \qquad n=1, \qquad n=2, \\ &P_N(0) = \frac{1}{4}, \quad P_N(1) = \frac{1}{2}, \quad P_N(2) = \frac{1}{4} \end{aligned} \tag{5.9}$$

これは，平均として $n=1$ という配置（すなわち，それぞれの領域に1粒子ずつ）が確率 $1/2$，$n=0$ と $n=2$ の配置がそれぞれ確率 $1/4$ で起こることを意味している（図5.2）．

(b) $N=4$

$N=4$ の場合は，図5.2に示すような分布になる．最大確率は，ここでも $P_N(2) = 6/16 = 0.375$ であることがわかる．この結果は $1/2$ より小さい．この場合，系が最大確率の状態 $n^* = 2$ に滞在する割合が，$3/8$ でしかない．

(c) $N=10$ の場合，最大確率は $n^* = 5$ で得られ，具体的に，

$$P_{10}(n^* = 5) = 0.246$$

となる．図5.3は，**配置数**の最大値 $W(n^*)$ および対応する最大確率を N の関数として示している．N が増えるにつれ，$W(n^*)$ は増加するが，$P_N(n^*)$ は減少することがわかる．例えば，$N=1000$ の場合，最大確率は $P_{1000}(n^*) = 0.0252$ にすぎない．

5.1 何が自発過程を引き起こすか？

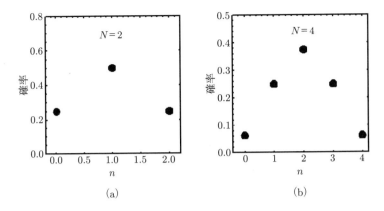

図 5.2 $N=2$ および $N=4$ の場合に，一方の領域に n 個の粒子を，他方の領域に $N-n$ 個の粒子を見出す確率。

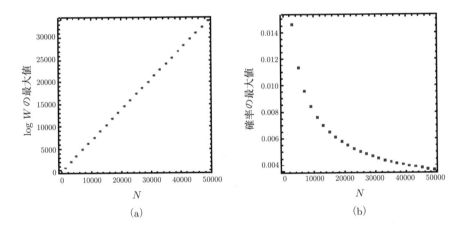

図 5.3 大きな N に対する $\log W(n)$ の最大値，および最大確率 $P_N(n)$。

確率に慣れていない読者には，$P_N(n)$ が領域 L に n 個の粒子を，領域 R に $N-n$ 個の粒子を見出す確率を意味しているということをいっておいた方がよいであろう。すべての状態が実現可能であることは暗黙のうちに仮定されている。系がこれらすべての状態にどのようにして到達するか，あるいはいつ実現するかは問題ではない。$P_N(n)$ を決めるための実験として，以下のいずれかを考えることができる。

1. N 粒子からなる 1 つの系を考えよう。粒子は全体積 $2V$ の中を自由に動き

まわれるものとする。系のスナップショットを何枚も撮り，"n 粒子が L に，$N-n$ 粒子が R にある" という事象が起こっている割合を勘定する。

2. どれも体積 $2V$ の中に N 個の粒子を有する多くの系からなるアンサンブル（統計集団）を考える。各系で，粒子は全体積 $2V$ の中を自由に動きまわれるとする。すべての系における粒子の動きを一瞬止めて，L と R の間に隔壁を設置する。その後，アンサンブルの中で，L に n 個，R に $N-n$ 個の粒子が入っている系の割合を数える。

どちらの場合も絶対的な確率が存在する。確率 $P_N(n)$ は常に**条件付き**確率である，すなわち，実験が行われる（あるいは行われた，あるいはこれから行われようとしている）とし，実験のすべての結果が実際に可能であるとした場合に，"L に n 個，R に $N-n$ 個の粒子を見出す" 確率である。

一休みして考えてみよう：図 5.1 に示したのと同様の系で，L に 5 個の粒子，R に 7 個の粒子が入っているものを用意する。領域 L と R は（図 5.1 左のように）隔壁でわけられている。したがって，$N=12$, $n=5$ である。確率 $P_{12}(6)$ はいくらか[注5]？

次の形のスターリング近似を用いて，$P_N(n^*)$ が N とともにどのように変化するかを調べるのは容易である。

$$j! \cong \left(\frac{j}{e}\right)^j \sqrt{2\pi j} \tag{5.10}$$

この近似式を用いれば，最大確率は

$$P_N\left(n^* = \frac{N}{2}\right) \approx \sqrt{\frac{2}{\pi N}} \tag{5.11}$$

となる。

N が増えるにつれ，最大確率は $1/\sqrt{N}$ のように減少する。この振る舞いは図 5.4 に示されている。実際，我々は，系が平衡状態に達すれば，ずっとその状態に留まることを知っている。理由は，**巨視的な平衡状態**は $n^* = N/2$ となる状態と厳密に同じではないが，n^* の極近傍，例えば $n^* - \delta N \le n \le n^* + \delta N$ にあり，δ は非常に小さくて，実験では観測不可能なものだからである。ここで，δN は δ と N の積，すなわち，$\delta \times N$ を意味し，N の無限小変化を意味するのではないことに注意せよ。系を最大確率の n の近傍 $\delta N = N/100$ に見出す確率は，$N=100$ の場合には 0.235 となる[注6]。粒子数が $N=10^{10}$ の場合には，ずれを N の 0.001% としても[2]，近傍に留まる確率はほぼ 1 であるとしてよい。

---

[2] 訳注：この場合 δN は $\sqrt{N}$ 程度になる。

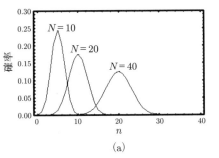
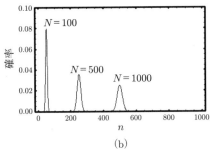

図 5.4 異なる N に対する確率分布 $P_N(n)$。

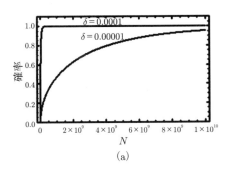
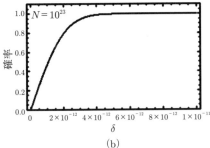

図 5.5 式 (5.12) に定義された確率。(a) δ を $\delta = 0.0001$ および $\delta = 0.00001$ に固定した場合に，N の関数として。(b) N を $N = 10^{23}$ に固定した場合に δ の関数として。

系が n^* の近傍にあることを見出す確率を計算するには，ド・モアブル–ラプラスの定理を用い，ガウス関数を積分する［詳しくは Ben-Naim (2008) を見よ］。結果は以下の通りである。

$$P_N(n^* - \delta N \leq n \leq n^* + \delta N) = \sum_{n=n^*-\delta N}^{n^*+\delta N} P_N(n)$$

$$\approx \int_{n^*-\delta N}^{n^*+\delta N} \frac{1}{\sqrt{\pi N/2}} \exp\left(\frac{-\left(n - \frac{N}{2}\right)^2}{N/2}\right) dn \quad (5.12)$$

これは誤差関数 $\mathrm{erf}(\delta\sqrt{2N})$ である。

図 5.5(a) には，ずれ係数が $\delta = 0.0001$ および $\delta = 0.00001$ の場合に，n が n^* の値の周辺，$n^* - \delta N \leq n \leq n^* + \delta N$ の間に見出される確率を示してある。確率 $P_N(n^* - \delta N \leq n \leq n^* + \delta N)$ を N の関数として描くと，この確率が，N

の増加と共に 1 に近づくことがわかる。N が 10^{23} 程度の大きさであれば，N の $\pm 0.00001\%$ あるいはそれ以下のずれを許容できる [図 5.5(b)]。そのようなずれに対しても，系を n^* あるいはその近傍に見出す確率はほぼ 1 となる。このため，系が n^* あるいはその近傍に達すれば，その後もほとんどの時間 n^* の近くに居続けると考えてよいのである。10^{23} 程度の N に対しては，"ほとんどの時間" というのは "常に" を意味する。たぶん，系を $n = N/2$ の近傍に "見出す確率が 1" であるといっても，読者諸君にはピンと来ないかもしれない。5.5 節で確率の比をいくつか計算するが，そちらの方が，数値的にはより理解しやすいであろう。

　上述の具体例は，系が "常に" 一方向に変化すること，そして平衡状態は一度達してしまえば，系はその後も "常に" その状態に留まることに対する説明を与えている。より大きな実現確率の状態へ向かう傾向というのは，より頻繁に起こると考えられる事象は実際，より頻繁に起こるという記述と等価である。これは，単純な常識である。我々が，n の n^* へ向けての単調な動きや n^* での停留からのずれを観測できないのは，n の微小な変化（あるいは SMI の微小な変化といってもよい，以下を見よ）を我々が計測できないことの結果である。この節では，エントロピー変化については何も言及しなかったことに注意せよ。

5.2　何がエントロピーを増加させるか？

　次に，第二法則のエントロピーによる定式化と確率の関係について論じることにしよう。一般的な場合を記述する前に，上で論じた本質的な諸量を，少し違った形に書き換える。n と $N-n$ の代わりに，次のような比を定義する。

$$p = \frac{n}{N}, \qquad (1-p) = \frac{N-n}{N} \tag{5.13}$$

p は領域 L にある粒子の割合，$1-p$ は領域 R にある粒子の割合である。また，すべてが $(E, 2V, N)$ によって巨視的に記述されるが，p は（したがって $1-p$ も）系ごとに任意の値を取るように用意された系の統計集団（アンサンブル）を考えることもできる。明らかに数字の対 $(p, 1-p)$ は確率分布に対応する。

　ここで，この確率分布の確率[3]を計算する。領域 L に n 個の粒子が入るという特定の配置の数は式 (5.1) で与えられる。その式を次のように書き換える（ここで，$q = 1-p$ である）。

$$W(p, q) = \binom{N}{pN} \tag{5.14}$$

---

[3] 訳注：この表現は少しわかりにくいかもしれないが，以下を読み進めていけば理解できよう。

さらに，対応する確率は次のようになる．

$$Pr(p,q) = \left(\frac{1}{2}\right)^N \binom{N}{pN} \tag{5.15}$$

各分布 (p,q) に対し，SMI を次のように定義できる．

$$SMI(p,q) = -p\ln p - q\ln q \tag{5.16}$$

これは，系における1粒子当たりのSMIである．それは，各粒子がLにあるかRにあるかに関する位置の不確定性を測るものである．

$N \to \infty$ の場合は，スターリング近似を用いて，式 (5.14) の右辺を以下のように書き換えることができる．

$$\begin{aligned}
\ln\binom{N}{pN} &\approx -N[p\ln p + q\ln q] - \frac{1}{2}\ln(2\pi Npq) \\
&= N \times SMI(p,q) - \frac{1}{2}\ln(2\pi Npq), \quad (N \gg 1)
\end{aligned} \tag{5.17}$$

したがって，この近似の範囲内では

$$Pr(p,q) \approx \left(\frac{1}{2}\right)^N \frac{\exp[N \times SMI(p,q)]}{\sqrt{2\pi Npq}}, \quad (N \gg 1) \tag{5.18}$$

となる．

これが，状態分布 $\{p,q\}$ に関して定義されたSMIと同じ分布に関して定義された確率 $Pr(p,q)$ の間の関係である．明らかに，これら2つの関数は大きく異なっている．$SMI(p,q)$ は点 $p^* = q^* = 1/2$ に最大値をもつ．この最大値は N によらない．量 $\exp[N \times SMI(p,q)]$ の最大値は，N の急激な増加関数である．一方，$Pr(p,q)$ は点 $p^* = q^* = 1/2$ に鋭い極大をもつ．最大値 $Pr(1/2,1/2)$ は N とともに減少する．

Pr と SMI の単調な関係から，SMI が増加するときは常に，Pr も増加し，平衡状態では，SMI も Pr も最大値を取ることがわかる．SMIの最大値が系のエントロピーに関係していることを，これまで見てきた．したがって，（孤立系での自発的過程において）エントロピーがなぜ増加するのかという問いに対する答えは，系が平衡状態に向かって発展するのはなぜかという問いに対する答えと同じである．すなわち，それは平衡状態に対する確率 Pr が最大だからなのである．"何が"と"なぜ"という2つの問いの結びつきは，式 (5.18) に示されている．それは，図 5.6 に象徴的に示されている．図 5.7 はそれを芸術的

138 第 5 章 熱力学第二法則について

$$\text{WHY} = 2^{N \times \text{WHAT}}$$

図 **5.6** "何が（WHAT）"と"なぜ（WHY）"という問いの象徴的な関係。

図 **5.7** エントロピーと確率の間の関係を芸術的に表現したもの。[訳者補足：左上のカップには ENTROPY（エントロピー），皿には Shannon's Measure of information（シャノンの情報測度），右上のカップには 2nd LAW（第二法則），皿には Probability（確率），中央下部には DISTRIBUTION（分布）の文字が見える。]

に表現したものである。

　確率の 2 つの"水準"には十分注意を払うべきである。(p,q) は状態確率分布である。それは，系の状態を (p,q) によって記述する。Pr は (p,q) で記述される状態を見出す確率である。2 つの確率を区別するために，Pr を超確率 (super probability) と呼ぶことにしよう。"なぜ，系は平衡状態に向かって変化するのか？"という質問に対する答えは確率 Pr によって与えられることに

も注意せよ．関係式 (5.18) のため，"なぜ，エントロピーは増加するのか？" という質問に対する答えも確率的である．領域の数が任意の場合にこの結論を一般化するのは容易である．Ben-Naim (2008, 2009) を見よ．

練習問題：上の議論を図 4.4(a) の混合過程の場合に繰り返してみよ．議論も結論も同じはずである．

5.3 2つの領域間の熱の流れ

我々はすでに 4.5 節において，熱伝達過程におけるエントロピー変化を論じた．ここでは，自発的熱流に対する確率論的議論を追加しよう．議論の筋道は上の例に対するものと本質的に同じなので，簡単に述べることにする．

速度のすべての領域を小さな区間に分割したとしよう．これらの区間は，小さな箱のようなもので，我々は同じ箱の中に入る2つの速度を区別できない，あるいは違いを気にしないものとする．

初期状態，すなわち，2つの領域を熱的に接触させる直前において，系における全 N 粒子を n 個の箱に配分する初期分布を $(N_1^{初}, N_2^{初}, \cdots, N_n^{初})$ で表すことにする．この粒子の配分は，初期確率分布 $(p_1^{初}, p_2^{初}, \cdots, p_n^{初})$ を決める．2つの系を熱的に接触させた後，確率分布は $p_1, \cdots, p_n$ に変わるであろう．この分布を見出す確率は，

$$Pr(p_1, \cdots, p_n) = C \frac{N!}{\prod_{i=1}^n N_i!} \tag{5.19}$$

によって与えられる．ここで，C は規格化定数である．

シャノンの定理[注7]によって，マクスウェル–ボルツマン分布が，以下の2つの条件下で SMI を最大にするものであることが示される．

$$\sum p_i = 1 \tag{5.20}$$

$$\frac{m}{2} \sum p_i v_i^2 = 定数 \tag{5.21}$$

大きな N の場合は，$\ln Pr$ に対してスターリングの近似を用いる．

$$\begin{aligned} \ln Pr &= \ln C + \ln N! - \sum \ln N_i! \\ &\approx \ln C + N \ln N - \sum N_i \ln N_i \\ &= \ln C + N \left[-\sum p_i \ln p_i \right] = \ln C + N \times SMI \end{aligned} \tag{5.22}$$

2つの条件，式 (5.20) と (5.21) の下で SMI を最大にする分布は，$\ln Pr$, し

たがって Pr 自体を最大にする分布と同じになることは明らかである。

これは，最初の例で与えられた議論と本質的に同じものである。結論もまた同じである。"なぜ，系は平衡状態に向かって変化するのか？"という質問に対する答えは，単純に，平衡状態が最大確率の状態だからというものである。Pr は SMI と単調増加関数によって関連づけられるので，Pr が最大の場合は常に，SMI も最大になるということができる。第 3 章において見てきたように，SMI の最大値は，平衡にある系のエントロピーに関係づけられる。

確率の言葉で第二法則を理解するというのは，もちろん，新しいことではない。この考え方はボルツマン自身にまで遡る。1.3 節における引用を見よ。

5.4 系はどのように変化したか？

"エントロピーとは何か？"および"エントロピーはなぜ一方向に変化するか？"という質問に答えるためには，"どのようにして系はある状態から別の状態に移行するか？"という質問に答えなければならない。

幸いなことに，熱力学も統計力学[4]も，系がある初期状態から終状態へどのように発展するかという問題は扱っていない。我々は常に初期状態も終状態もどちらも平衡状態であると仮定する。つまり，熱力学も統計力学も，2 つの平衡状態間のエントロピーの差を扱っているのである。これが，"状態関数"の意味の本質である。それは，値が系の状態によって決まる関数であり，その状態にどのような経路で到達したかにはよらないものである。この時点で，本節を終わりにしてもよい。"どのようにして"という質問に対する答えは，熱力学には関係がない。

残念ながら，文献には"どのように"という質問に対する答えと"エントロピーとは何か"を混同する記述が満ちあふれている。

ランバートは，配置エントロピーの議論の中で，次のように書いている[注8]。

> "位置のエントロピーを強調すると，それは動いている分子に関連したエネルギーに関わらず物質が拡散していくということを強く主張することになる。"

さらに続けて，

> "したがって，統計力学は，あるいはエントロピー変化における確

---

[4] 訳注：ここは平衡系の熱力学，統計力学に限定している。非平衡熱力学や非平衡統計力学は念頭に置いていない。

率論的な考察に排他的に集中するということは，分子の運動エネルギーによる可能性を無視したエントロピー変化を持ち込むことになる。"

私の意見では，この批判は 2 つの理由から，正当化されない。第一に，私の知る限り，"エネルギーに関係なく物質が拡散できる" ということを述べている人はいない。第二に，私の知る限り，だれも "可能性を無視したエントロピー変化" を導入してはいない。実際，統計力学は確率を扱い，その確率を使って，必要な物理量の平均を計算することができる。特に，異なる状態間におけるエントロピーの差を計算できる。統計力学は熱力学と同様，状態 A から B への変化の仕方あるいは経路を扱っていない。また，統計力学は分子の運動エネルギーを無視するわけではない。単にエントロピー差の計算には不要なだけである。事実は，物質は原子と分子からなり，これらの原子や分子はエネルギーをもっているのである。このことは否定できない。そのエネルギーは，エントロピーのある種の計算にはあらわに用いられない。これは単に不要だからであって，無視しているわけではない。エネルギーを必要としない最も単純な例は，体積 V から $2V$ への気体の膨張の場合である。

1 モルの理想気体が体積 V から $2V$ へ膨張するとき，エントロピー変化は $R \ln 2$ となる。これは，分子の運動とは無関係である。同じエントロピー変化は，任意の温度における膨張過程に対して計算することができる。非常に低温の場合でも可能である。同様に，2 つの理想気体の混合に関連したエントロピー変化も温度によらない。

"エントロピー変化における確率論的考察" がエントロピー変化を "持ち込む" というランバートの主張は，つまるところ，エントロピー変化を説明するのに確率自体が無力であるということを意味する。その主張はまた，確立の概念そのものに対する深遠な誤解を意味している。

それはそうと，"持ち込む" という言葉は，だいぶ前に新聞に載った話を思い出させる。

イスラエルとエジプトの国境は，アフリカからの麻薬の運び屋達のせいで悪名高い。そこで，国境警備隊は常に強い警戒をしていて，イスラエルへの入国には通常疑いの目を向けていた。

ある日，新品のバイクに乗った男が，砂で満杯の袋をもって国境に近づいてきた。国境警備隊はバイクに乗った男に，袋の中身は何か尋ねた。男は，ただの砂だと答えた。信用しなかった警備隊員は，警棒を袋の中に突っ込み，ぐるぐるまわしたり，前後左右に動かして，中に何が隠されているか探った。し か

し，何も見つからなかったので，警備隊員は，その男の通行を許可した。

数日後，同じ男が同じバイクに乗り，背中に別の袋を担いで国境を横切ろうとした。

常に疑い深い警備隊員は，この男が何かやろうとしていると考えた。彼は，この男が警備隊を信用させて，通行しやすくし，"袋"の検査なしに通れるようにしようとしているのではないかと考えた。そう考えた警備隊員は，同じバイクに乗った同じ男が，砂の入った袋を担いで，完全なチェックなしに国境を通過することのないように，自分の義務を忠実に果たした。しかしながら，何日も警備隊員は砂以外何も見つけられなかった！

この男が，イスラエルに"持ち込んだ"砂で何をしようとしていたのか，ある人がそのバイクに乗った男を監視下に置くことを決めるまで，だれも少しも気づかなかった。よくよく観察したら，その男は袋の中身を海岸に捨て，バイクを売っていた。

次の週，同じ男が国境を越えようとしたとき，彼はバイクを持ち込んだ罪で逮捕された···。

"エントロピーを持ち込む"に戻ろう。エントロピーを論じるのに確率を用いることに関して，少しコメントしておきたい。

確率の概念は日常生活一般において，またとりわけ第二法則の理解のために重要なので，いくつか例を挙げて詳しく述べたい。確率の数学的概念に慣れていて，確率が常に**条件付き確率**であることを知っている読者は，本節の残りの部分を飛ばして，5.5 節に進んでよい。

私がサイコロを投げ，それがまだ空中にある間に「"4" の目が出る確率は？」と尋ねるとする。聞かれた人は即座に，それは 1/6 だと答えるであろう。正解である。

今度は，少し違った質問をしよう。「サイコロが "4" の目をもつ確率は？」この場合も答えは 1/6 であろう。やはり正解である。

しかし，ちょっと待って欲しい。私は，サイコロを投げるとはいっていないし，投げるとしてもどのように投げるかは明言していない。それなのに，なぜ確率が 1/6 だとわかるのだろうか？　回答者の賢い答えは正しいのである。なぜなら，回答者は確率がどんなものであるか知っており，私が尋ねた第二の質問に際し，私あるいは私以外の誰かが，どの目が出る機会も均等になるような方法でサイコロを投げることが**暗黙**のうちに仮定されているからである。

さて，最後の質問をしよう。サイコロを投げた結果，"6" の目が上を向いてテーブル上に置かれているのを見たとする。「"4" の目が出る確率はいくらか？」

あなたはゼロであると答えるか，あるいはわからないと答えるべきであろう。

5.4 系はどのように変化したか？

それは，私がサイコロを投げるかどうか，またどのように投げるかに依存する。

本質的なのは，**絶対的な確率**というようなものは存在しないということである。確率は常に**条件付き確率**である[注9]。我々が"4"の目が出る確率という際には，サイコロがランダムな結果が出るように投げられた，あるいは投げられるだろうという場合に結果が"4"になるという**条件付き確率**を意味している。場合によっては，サイコロの投げ方を記述することもあるだろう。

通常，この条件は表記されない。（事象 A の確率を）Pr と書くが，その場合も常に，全標本空間を表す事象 Ω が与えられているときの事象 A の条件付き確率を意味しているのである。このことは，すべての可能な結果のうちの1つが起こった，あるいは起こるだろうということを意味する。

いくつか例を挙げてはっきりさせよう。

1. サイコロの"2"と"5"の面の中心を通るように，糸を通すとする [図5.8(a)]。そこで，サイコロをスピン回転させて"投げる"。"4"の目が出る確率はいくらか？ 正しい答えは1/4である。4つの可能な結果，$\{1, 3, 4, 6\}$ があり，それらの実現確率は等しいと仮定しているからである。"2"あるいは"5"の目が出る確率はゼロである。

2. 私がサイコロを図5.8(b) のように，すなわちコマのように回転させ，例えば，1, 2, 3 の面が上向き，残りの (4, 5, 6) が下向きになるようにしたとする。"6"の目が出る確率はいくらになるだろう？ さて，その確率は私がサイコロをどれだけ激しく回転させるかに依存する。回転のさせ方が穏やかであれば，"6"の目が出る確率はおよそ1/3となる。これは，高い実現確率をもつ可能な結果は3つしかないからである。一方，もう少し激しく回転させたとすると，最初下を向いていた数（すなわち 1, 2, 3）の目が出

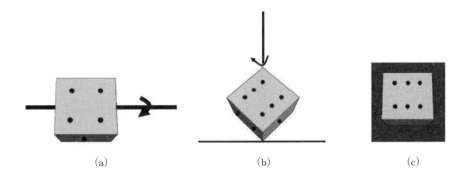

図 **5.8** サイコロを投げる3つの方法。

ることもあるだろう．したがって，"6" の目が出る確率は，1/3 よりいくらか小さくなるだろうが，おそらくは，"2" の目が出る確率よりは大きいであろう．回転がさらに激しく，サイコロが何度も反転するようになったら，どの結果も実現確率は**等**しくなり，私の質問に対する答えは 1/6 になるはずである．

3. 次は，最も極端な場合である．サイコロが，高粘性の粘っこい液体上に置かれているとする．サイコロは，"1" と "6" の面を貫く垂直軸のまわりに回転でき，初期には "6" の面が上を向いていたとする ［図 5.8(c)］．私は，サイコロに回転を与え，サイコロは反応して，周囲の液体をかきまわすが，液体から離れることはないという条件をあなたに告げる．"4" の目が出る確率はいくらになるだろう？　答えはゼロである．"6" を除く他の目についても答えは同じである．"6" の目が出る確率は 1 になる．

これらの例で，私が確率は**条件付き確率**であると述べた理由を十分にわかっていただけたと思う．

これらの例が教えていることは，（例えばサイコロを投げたとき "4" の目がでる）確率はいくらかと尋ねるときはいつでも，我々は，あからさまにはいわないが，暗黙のうちに，サイコロが投げられて（あるいはこれから投げられることによって），**可能な結果の 1 つが起こった**（あるいは起こるだろう）ということを意味しているのである．当然のことながら，（上で論じた例 1 つひとつでは異なったものであるが）Ω を特定する必要はある．しかし，ひとたび Ω を特定すれば，例えば確率 $P(A)$ というときは，常に $P(A/\Omega)$ を意味していることになる．

これらすべてのサイコロの話は，気体のある領域から別の領域への膨張と一体どんな関係があるのだろうか？

答えは以下の通りである．任意の分子的事象，例えば粒子のある領域から別の領域への移動のような事象の実現確率というときは常に，実験が行われ，可能な結果の 1 つが起こった（あるいは起こるだろう）ということが仮定されている．結果の実現が "可能であること" は，常に暗黙のうちに仮定されている．さらにいえば，分子運動についての言及を強要することは，エントロピーとは何であるか，またエントロピーが自発過程で増加するのはなぜかという議論に不要なだけでなく，人を惑わせるものである．

第一に，分子運動自体はエントロピーの増加を保証するものではない．よく知られた例は，すべての分子が箱の中でそろって上下に運動する場合である（図 5.9）．粒子の速度は何であってもよいが，系が体積 V か $2V$ に膨張するこ

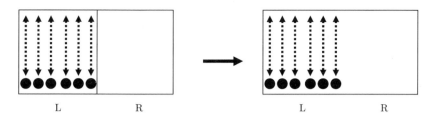

図 5.9　隔壁を取り除いても"膨張"しない粒子系の例。

とはないし，当然のことながら，2つの箱の間の隔壁を取り除いてもエントロピーが変化することはない．

　第二に，こちらの方が重要なのであるが，エントロピーを論じる際に分子運動が関与すると主張している著者たちはまた，ボルツマンの公式から計算されるエントロピー変化が常に温度を含んでいると主張する．これは，明らかに真実ではない．

　我々は1モルの気体の膨張過程に対して，エントロピー変化が $R\log(2V/V) = R\log 2$ となることを見てきた．ここで，対数は自然対数であり，R は気体定数である．気体定数はエネルギーを温度で割った単位をもつ．これは，クラウジウスがエントロピー変化を定義するのに用いた単位と同じである．しかしながら，この特別な単位の選択は歴史上の偶然にすぎないというべきであろう[注10]．膨張過程の例は，この特別な過程に対するエントロピー変化が温度によらないことを示している．このことは，それが分子運動にはよらないというのと等価である．やりたければ，系を暖めたり，冷やしたりしてみるとよい．膨張にかかるエントロピー変化は同じになるであろう．分子運動がほとんど消えてしまう絶対零度に近い極低温においてさえ，終状態と初期状態の間のエントロピー変化は同じ $R\ln 2$ である．この変化は，初期状態から終状態へ向かう実際の過程とは何の関係もない．

　無秩序の暗喩を批判する論文で，ランバート[注11]も，エントロピー変化に対するボルツマンの公式の"誤った解釈"について次のように論じている．

> "エントロピー変化に対するボルツマンの公式，$\Delta S = R/N \ln$（変化後のエネルギー一定の微視的状態数/変化前のエネルギー一定の微視的状態数），に関する誤った解釈が，巨視的系の振る舞いに関するほとんどの混乱の源になっている．気体定数 R がボルツマンのエントロピーに温度を埋め込んでいる，ちょうどクラウジウスやギブスの関係式がそうであったように．繰り返しになるが，環境の

温度はエネルギーの分散（dispersion）を示し，その分散によって
到達可能なエネルギーをもつ微視的状態の実現が可能になる。"

　これは明らかに正しくない。定数 R は "温度を埋め込んだりしない"，ただ温度の単位を持ち込むだけである。事実は，R が温度によらない定数であるということである。すべての学生が知っているように，理想気体の膨張や理想気体の混合のような過程には定数 R が含まれるが，温度にはよらない！

　第4章で見たように，理想気体の膨張過程および混合過程におけるエントロピー変化は温度によらない，だから分子運動にもよらないのである。分子運動は系が平衡に到達する速さには影響するであろう。しかし，これらの過程における分子運動はエントロピー変化に影響することはない。

　残念なことに，広がり（spreading）の暗喩を奉じる人々もまた，これらの過程におけるエントロピー変化に，分子運動や温度が影響すると考えている。彼らは温度がエントロピー変化に影響すると "考える" だけでなく，あらゆる手段で他の人々が反対の観点を公表するのを妨げようとする[注12]。

練習問題: あなたはアインシュタインの公式 $E = mc^2$ を見たことがあるだろう。記号 E, m および c の意味を知っているとして，E が時間に依存するかどうか説明できるだろうか？

　いくつかの出版物で，ランバートは配置エントロピーについて教えることをやめようと主張している。理由はそれがエネルギーの広がりを含んでいないからというのである。

　私が見るところ，ランバートがこれらおよびその他の記述で意図しているのは，"広がり" の暗喩がどのようにという質問に対する答えを提供してくれるのでより有効であるということ，すなわち，粒子の分子的運動がエントロピーの増加を "可能にする" ということのようである。

　粒子の分子的運動が1つの状態から別の状態への移行を**可能にしている**のは明らかであるが，"可能にすること" はエントロピーが何であるか，あるいはエントロピーはなぜ一方向に変化するのかを記述するのに必要ではない。したがって，この点に関して，広がりの暗喩は何の優位性ももっていない。

　"A modern view of entropy"（エントロピーの現代的見方）と題する論文 [Lambert (2006)] でランバートは次のように書いている。

> "気体の膨張や混合に対して "位置のエントロピー" や "配置エントロピー" を強調するが，運動エネルギー（総量は不変であるが，より広い空間に分散する）について何も述べていない教科書では，本質

的に確率の第二の因子しか計算しておらず，必要な運動エネルギーの権能因子（可能にする因子）に言及しないことで，学生達を混乱させている。"

私には，"必要な運動エネルギーの権能因子に言及する"ことの方が，混乱を招き，エントロピーの理解には関係のないことだと思われる。第1章ですでに指摘したように，エントロピーのこの見方には少しも"現代的な"ものはない。この論文で表明された見方は，エントロピーの見方としては不適切なものである。ランバートが主張する権能因子にはねじれた皮肉がある。これについて，ランバートは次のように書いている注8。

"私はかつて以下のように書いたことがあった，"… 激しく活発に動きまわっている気体分子は，自発的に真空容器中に移動したり他の気体と混じり合ったりするだろう … エントロピーの増加として要約される。" クレイグが間違いを修正してくれた，"… そのようにいうことによって，あなたはエントロピーを'持ち込んで'いる。分子の運動はエントロピーの増加を可能にしているとしても，エントロピー増加を引き起こしているわけではない。""

もちろん，クレイグは正しい。"分子の運動はエントロピー増加を引き起こしているわけではない"。また，分子の運動はエントロピー変化に対する定性的な解釈も，定量的な解釈も提供しない。分子の運動は，系の状態変化を可能にするが，エントロピー変化を決めてはいない。

この話の皮肉は，ランバートが"クレイグは正しい"と認めているにも関わらず，論文全体を通して注13，"権能因子"によってエントロピーを"持ち込み"続けていることである。

数年前，私はある人に論文の別刷りとプレプリント（出版前原稿）を送ってコメントを求めたことがある。ここに私が受け取った回答がある。

"*J. Chem. Ed* に発表された，あなたのすばらしい詳細な解析およびそのちょっとした続編ともいうべき原稿をお送りいただきました。それらの内容（並びにあなたの融合/分離に関する全結論）は，客やディーラーでいっぱいになっているが，すべてのカードは積み重ねられたまま，サイコロはルーレットの脇に静止しているようなラスベガスやモンテカルロの巨大カジノのようなものです。潜在的な確率は，数兆に至るまで存在しているが，そのうちの1つとし

て，ディーラーがカードをめくったり，数千ものサイコロを投げたりするエネルギーなしに実現可能になるものはない…．

情報理論は偉大であり，**数学的**には統計力学の確率ときちんと一致する．だから何だというのか？ 熱力学は**熱**と**力学**である（内的に，本質的に，本来的にその制限内で変化している！「時間的に踊っている」）．実現され，化学と関連づけられるべきは，（確率の）エネルギーである．

すべてのエネルギーは自発的に流れて/分散して/広がって，局在していたところからより分散される，制限を受けていない限り…．

それほど明確で，それほど単純なのだ！ しかし，フォン・ノイマン/シャノンによって，そうも簡単に見過ごされた…．"

これは 2009 年に $J.C.E$ に掲載された私の論文並びに 2011 年に出版されたプレプリントに関するものである．それらの論文で，私は 1 つの領域に n 粒子を，別の領域に $N-n$ 粒子を見出す確率を論じた．"すべてのカードが積み重ねられたままになっている…ラスベガスの巨大カジノのようである．潜在的な確率は，数兆に至るまで存在している…"とあざけるようにコメントした人物は，明らかに確率に関する最小限の知識も持ち合わせていないというのが私の結論である．"潜在的確率"というようなものは存在しない．私が計算したのは，ある事象を見出す正しい**確率**であった．すでに説明したように，事象 A の確率は常に条件付き確率 $P(A/\Omega)$ である．Ω が起こることは常に仮定されているが，表記からは省かれている．したがって，私の計算では，すべての結果の実現可能性は暗黙のうちに仮定されている．結果がどのようにして実現可能になったかは問題ではない．さらに重要なことは，エントロピー変化の計算は，結果がどのようにして実現可能になったかにはよらないのである．

それほど明確で，それほど単純なのだ．しかし，上述のコメントを書いた人物によって，そうも簡単に見過ごされた．

練習問題：3 つの面を赤く，他の 3 つの面を青く塗った，公正なサイコロがあるとしよう．そのサイコロを何度も投げるとき，赤の面が出るたびにあなたは 1 ドル払い，青の面が出るたびに 1 ドル受け取る．サイコロを多数回投げれば，明らかに平均として損得はない．回を重ねるごとに稼いだドル数を S で表すことにすれば，S はゼロのまわりにゆらぐことがわかるであろう．

さて今度は，1 つの面が赤で 5 つの面が青の場合を考えよう．明らかに，このゲームでは回を重ねるごとに儲けが平均として増えていくだろう．時々いく

ばくかの損失はあるかもしれないが，ほとんどの場合，関数 S は安定して増加するだろう。

仮に $10^{10^{10}}$ 個の面をもつサイコロがあったとする．1 つの面は赤，残りの $[10^{10^{10}} - 1]$ 個の面は青に塗る．この場合，ほんのわずかの負けの機会はあるだろうが，ほとんど常に勝つことになり，関数 S は常に増加すると断言してよいだろう．このゲームで常に勝つという "事実" は，物理法則と矛盾するだろうか？　この疑問については，次節で論じよう．

5.5　時間の矢と第二法則の関連

日常の中で，我々は 2 つの気体の混合から，死んだ動植物の崩壊に至るまで，明らかに一方向に起こっている数多くの過程を目にする．これらの現象が逆転するのを観測することはない．この事象の起こる方向が時間の進む方向と矛盾しない "正しい" 方向であると感じるのはほぼ自然なことである．ここに，グリーン（Green）が，この問題に関して書いたものがある[注14]．

> "我々は，ものが時間とともに進展する仕方に方向があるということを当たり前だと思っている．卵は割れるが元には戻らない．ローソクは溶けるが，元の形に復元することはない．記憶は過去のものであり，未来のものではない．人は年をとるが，若返りはしない．"

しかし，グリーンは次のようにつけ加えている．

> "受け入れられている物理学の法則には，そのような非対称性はなく，時間の方向は，前方も後方も，諸法則によって区別なく扱われている，そしてそのことが大きな謎の源なのである．"

実際，その通りである！　ほぼ 1 世紀もの間，物理学者達は熱力学第二法則と力学法則の間の見かけ上の矛盾に悩まされてきた．グリーンは次のように記述している．

> "既知の（物理）法則は，事象が一方向にのみ進展する理由を説明できないが，一方では，事象は理論上逆の方向にも進展しうることを教えている．重要な疑問は，我々がなぜそのような現象を観測しないのかということである．誰も砕けた卵が復元するのを見た人はいない．もしも物理法則が砕け散る過程も，元の形に復元する過程も同じように扱うのであれば，ある事象は起こるのに，その逆は絶対に起こらないのはなぜか？"

もう 1 つのよく知られた第二法則の記述は，子供部屋を放置すれば，そこは無秩序になるというものである．最近の本で，グリーン［Greene (2011)］は書いている："台所は，朝のうちいかに整頓されていようとも，日暮れまでには無秩序になってしまうものだ．"

　もちろん，そのような記述は一般には正しくない，そして確かに熱力学第二法則とは全然関係がない．

　エディントン（A.S. Eddington）が熱力学第二法則を時間の矢と関連づけて以来ずっと，科学者達はこの見かけのパラドックスを解決しようと努力してきた．運動方程式は，前向きおよび後ろ向きの時間に関して対称的である．運動方程式の中には，一方向の変化の可能性を示唆するものは何もないし，逆方向の変化を禁止するものも含まれない．一方で，我々が日常目にする多くの過程は一方向に進行し，逆方向への進行を観測することは決してない．しかし，第二法則は本当に時間の矢に関連づけられるのだろうか？

　我々が，これらの見かけ上の一方向過程の逆転を目撃しないのなぜか，以下でその理由を考えてみよう．実際，そのような逆転過程を目撃することは決してないのだが，そのことは，そのような過程が決して起こらないということを意味するわけではない！　この難問の理解は，我々が "決して… ない" という言葉でどのような意味を表そうとしているかに係っている．

　我々が事象の進展の "正しい" 方向というときの感覚は，通常次の簡単な実験によって示される．映画を逆回転させたものを見せられると，我々はすぐに "論理的でない" と気づく．我々は，人々が後ろ方向に歩いたり，壊れた卵が自然に集まって元の形になり，上方に飛び上がってテーブルの上にぴたっと着地したりするのを見ると，むしろ滑稽だとさえ思う．

　なぜか？

　なぜなら，我々はこの種の過程がそのような方向に時間発展することは "決してない" ということを知っているからである．

　これは，ホーキング（S.W. Hawking）が時間の心理的な矢と呼んだものである 注15，すなわち，時の過ぎゆく方向として我々が感じるもの，"我々が未来ではなく，過去を覚えているという方向" である．ホーキングは，この "時間の心理的な矢" と "熱力学的な時間の矢；無秩序やエントロピーが増加する時間の方向" を区別している．

　しかしながら，我々が自発的に起こる過程と時間の矢を関連づけるのは，単なる幻想に過ぎない．我々が "逆方向に" 進展する過程を，一生の間に一度も見たことがなく，これからも決して見ることはないであろうという事実から生み出された幻想である．過程の自発的な自然な進行と時間の矢の関連づけはほと

んど常に成り立つが，これは**絶対に**いつもというわけではない．エントロピー変化の方向に関連した疑問の重要性のゆえに，再度気体の膨張の場合を考えよう，ただし今度は数個の粒子しか含まれていないものとする．

最初に左側の領域に2つの粒子が入っているとしよう，図5.1，そして，2個の粒子は，全体積 $2V$ を占めるように広がっていくとしよう．次に，粒子のスナップショットを撮影すると，系が元の状態に復帰するのを何回見るだろうか？各粒子が左あるいは右の領域にいる確率が等しく，1/2であるとすれば，2つの粒子を1つの領域，例えば左側の領域に（同時に）見出す確率は

$$Pr(N=2) = \left(\frac{1}{2}\right)^2 = \frac{1}{4}$$

となる．これは，平均として4枚のスナップショットに1枚の割合で2粒子が左の領域にあることを意味している（約4枚に1枚の割合で2粒子が右側の領域に，2枚に1枚の割合で左右の領域に1粒子ずつがある）．明らかに，運動の法則の可逆性と矛盾しないし，"時間の矢" の感覚とも食い違ってはいない．

粒子数が4（$N=4$）の場合は，4つすべてを左側の領域に見出す確率は

$$Pr(N=4) = \left(\frac{1}{2}\right)^4 = \frac{1}{16}$$

となり，平均として16枚のスナップショットごとに1枚の確率で粒子を左側の領域に見出すことになる．

この場合も，ニュートン力学との不一致はない！ 粒子数が非常に大きくなれば，すべての粒子を左側の領域に見出す確率は非常に小さくなるが，決してゼロにはならない．

粒子数 N を増やしてみよう．以下に，N 粒子すべてを片側の領域に見出す確率を，いろいろな N に対して示す．

$$N=10, \quad Pr(N=10) = \left(\frac{1}{2}\right)^{10} = \frac{1}{1024}$$

$$N=20, \quad Pr(N=20) = \left(\frac{1}{2}\right)^{20} = \frac{1}{1048576}$$

$$N=30, \quad Pr(N=30) = \left(\frac{1}{2}\right)^{30} = \frac{1}{1073741827}$$

確率がどんどん小さくなることがわかるであろう，しかしニュートン力学との不一致はない．長い時間待てば，30個の粒子すべてが片側の領域に集まるの

を見るだろう。約 10 億枚のスナップショットに 1 枚程度の割合である。

$N = 1000$ あるいはそれ以上の場合，書き表すのが困難なほどの大きな数字が登場する。1 秒ごとに 100 万枚のスナップショットを撮るとすれば，1 年間では $10^6 \times 60 \times 60 \times 24 \times 365 = 30000000000000$ 枚ものスナップショットを集めることになる。これは非常に多くのスナップショットである。1000 個の粒子すべてを片側の領域に見出す確率は

$$Pr(N = 1000) = \left(\frac{1}{2}\right)^{1000} \approx \frac{1}{10^{301}}$$

になる。これは 10^{301} 枚のスナップショットにたった 1 枚の割合で，1000 個の粒子すべてが左側の領域に存在するということを意味する。いい換えれば，そのような 1 枚のスナップショットを見るためには

$$\frac{10^{301}}{3 \times 10^{13}} \approx 10^{287} \quad 年$$

待たなければならないのである。宇宙の年齢は約 15×10^9 年と見積もられている[5]。このことから，1000 個の粒子すべてを片側の領域に見出すためには，

$$\frac{3 \times 10^{287}}{15 \times 10^9} \approx 10^{277} \quad 宇宙年齢$$

もの時間待たなければならないことになる。あなたが十分に"忍耐強い"としても，1000 個の粒子すべてを片側の領域に見出すのは，宇宙年齢に 10 億を何度も何度もかけた時間に対して 1 度というような割合になるであろう。この場合でもニュートン力学との矛盾はないのである。

上の計算は，粒子数が $N = 1000$ の場合に対するものに過ぎない。熱力学的な系では $N = 10^{23}$ であり，すべての粒子を片側の領域に見出す確率は

$$Pr(N = 10^{23}) = \left(\frac{1}{2}\right)^{10^{23}}$$

となる。

これは，想像を絶する小さな数である。時間に読み替えれば，**宇宙の年齢**の 10 億倍の 10 億倍の，…，10 億倍もの長い間待って初めて，すべての粒子を片側の領域に見出すことになろう。再び，原理的には力学の法則と何も矛盾しないのであり，矛盾は幻想に過ぎないのである。

人々が宇宙の年齢よりもはるかに長い間，例えば $10^{10^{30}}$ 年生きられる世界というものを想像してみよう。そのような世界で，気体の膨張実験を行えば，そ

---

[5] 訳注：最新のデータによる宇宙の年齢は約 138 億年である。

5.5 時間の矢と第二法則の関連

して初期状態として，すべての粒子が片側の箱に入っている状態から出発すれば，最初のうちは膨張を観測するであろう．そして，粒子が全領域を満たすのを見るであろう．しかし，"時には"最初の状態が復元されるのを観測するであろう．もしも我々が極端に長生きで，例えば $10^{10^{30}}$ 年生きるとすれば，初期状態への復帰を，一生の間には何度も見るであろう．もしも気体膨張を撮影した映画を，前後に向きを変えながら見たとしても，これは希な事象であると感じることはあっても，馬鹿げているとは思わないであろう．この場合には，ある現象が他の現象より"自然"であるという感覚はもたないであろう．そして，そのような過程に関連づけられた"時間の矢"のような感覚は存在しないはずである．

ボルツマンが第二法則に関する彼の確率論的な理論を発表したとき，彼の理論は，同時代の人々から猛烈な批判を受けた．第一に，ニュートン力学の可逆性と第二法則の不可逆性の明らかな不一致が理由であった．これは**可逆性パラドックス**と呼ばれる．第二の明らかなパラドックスはポアンカレの定理にもとづいていた．その定理を気体膨張の例に適用すれば，系は必ず初期状態（すなわち，すべての粒子が左側の領域にある状態）に戻ることになる．これは，常に増加し続けるエントロピーとは矛盾するように思われる．これは**再帰パラドックス**（recurrence paradox）と呼ばれる．

この批判に対するボルツマンの反応を読むのは非常に教育的である注16．

> 逆方向への遷移は確かに計算可能な（信じられないほど小さいが）確率を持っている．それは分子数が無限大の極限でのみゼロに近づく．有限の数の分子からなる閉じた系が初期の秩序ある状態から無秩序状態へ向かっている場合，最終的に，信じられないほど長い時間の後に，初期の秩序状態に再び戻らねばならないという事実は，したがって，我々の理論に対する論駁ではなく，むしろ我々の理論を実際に確証するものである．例えば，1/10 リットルの容器に入れられた2つの気体が，初期には分離されていて，その後混合し，数日後に再び分離し，再度混合するということを繰り返すのを想像できないであろう．逆に，私が同様の計算に用いた同じ原理によって，$10^{10^{10}}$ 年に比べてもはるかに長い時間が経過した後でなければ，気体の目に見える分離のような現象は一切起こらないということがわかる．これは，現実的に**決して起こらない**と考えてよいと認識できるであろう．例えば，このぐらい長い時間の間には，確率の法則に従えば，大きな国の住人がすべて同じ日に自殺したり，単

なる事故で死んだり、あるいは、すべての建物が同時に焼け落ちたりすることが何度も起こるかもしれない。しかし、保険会社はそのような出来事の可能性を無視することによって、うまく経営できている。これよりはるかに小さい確率が、現実的に不可能と等価でないならば、今日という日に夜が来て、また次の日が来るということが確かであると思えないであろう。

いずれにしても、経験によってもたらされた時間の方向の唯一性は、我々の特別に限定された観点から発生した単なる幻想と考えるのがよいであろう。

読者の皆さんは、ぜひこの引用を再度読み返していただきたい。これは、ボルツマンが確率というものをいかに深く理解していたかを、明確に示している。

明らかに、ボルツマンは熱力学第二法則と運動方程式あるいは力学法則との間に、何ら矛盾があるとは見ていなかった[注17]。実際そのような矛盾は存在しない。我々が"十分長く"生きられるならば、これらの逆過程を観測することができるだろう。時間の矢と第二法則の結びつきは、絶対的なものではなく、単に"一時的な"、ほんの数十億×⋯×数十億年間のことなのである。

ここで、以下のことを付記しておくべきであろう。第二法則を時間の矢に関連づけるという文脈で、何人かの著者は、過去と未来を区別する人間的な経験を引き合いに出している。我々が過去の出来事を思い出し、決して未来の出来事を思い出すことはないのは事実である。我々はまた、未来の出来事に影響を与えることはできるが、過去の出来事には決して影響を与えられないと感じている。これらの経験は私も全く同じように味わっている。私の疑問は、これらの経験が第二法則やその他の物理法則と一体何の関係があるのかということである。

この節を終えるに当たり、私が状態の記述子とエントロピーの記述子を区別した第1章の議論に戻りたい。この区別は、系の状態の時間変化とエントロピーの時間変化を論ずるときには、より一層重要になる。気体の膨張の例で見たように、系のすべての粒子の速度を反転させれば、系の状態は反転されるだろう。特に、2つの領域を満たす気体、あるいは2つの領域にある2つの気体の混合体から出発すれば、気体が片方の領域に集まったり、2つの気体の混合体が分離して、2つの領域に別々に入るという現象を観測することになろう。

このことは、速度の反転の後に、エントロピーも減少することを意味するのだろうか？ 時間の矢を第二法則と関連づける議論の多くで、次の2つの質問の違いが見過ごされている。

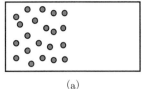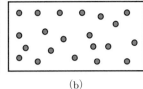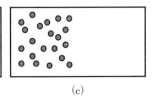

図 **5.10**　理想気体の膨張。(b) においてすべての粒子の速度を反転させると，系は状態 (c) に戻るように進展する。

1. すべての速度の反転は系を微視的な初期状態に（すなわち，図 5.10 の状態 (b) から状態 (c) へ）戻すだろうか？
2. 速度の反転はエントロピーの減少を引き起こすだろうか？

最初の質問に関しては，すでに上でその解答が提示された。系はその初期状態に戻る。初期状態に戻るまでにどのくらい長い時間がかかるかと聞くこともできるが，原理的に，戻るということは確かである [注18]。

このように，最初の質問に肯定的に答えるのに困難はないが，二番目の質問に対する答えは，我々が**巨視的平衡**状態をどのように定義するかに係っている。

思い出して欲しいのだが，我々は 5.1 節で，巨視的状態はほとんどの時間，最大確率を持つ微視的状態の周辺で過ごすことを見た。

厳密なことをいえば，巨視的平衡状態は，系の巨視的記述，例えば (E, V, N) による記述と矛盾しないすべての微視的状態（Ω）が実現可能な状態として定義される。この定義の範囲内では，図 5.10 の微視的状態 (c) も Ω に属する。この微視的状態および同様の微視的状態は希な事象であるが，それらは我々が Ω を数える際に，微視的状態の総数の中に含められる。したがって，全粒子の速度を反転させるとき，系はすべての微視的状態を利用し続ける，そしてその間に，全粒子が片側の領域に存在する状態［例えば，図 5.10(c)］も訪れることになる。平衡をこのように定義すれば，速度の反転の後も，系の巨視的状態は平衡状態にあるといえる。したがって，系のエントロピーは明確に定義可能であり，速度を反転する前の系のエントロピーに等しい。いい換えれば，エントロピーは変わらないのである。

一方で，巨視的平衡状態の**定義**として，最大確率をもつ微視的状態の周辺にあるすべての微視的状態を用いることもできる。この状態の集合を Ω' で表すことにすると，これらの状態はまとまって確率がほぼ 1 になる。ほとんどの時間，平衡にある系は Ω' の中の微視的状態を巡っているであろう。Ω' に含まれ

ない微視的状態［例えば，図 5.10(c)］はどれも非平衡状態と考えられる。非平衡状態ではエントロピーを明確に定義できず，それが増えるか減るか主張することもできない。

このように，エントロピーが平衡状態でのみ定義されるものならば，それは時間の関数にならない。一方で，非平衡状態に対しては，エントロピーが定義できないので，当然，エントロピーの時間変化について何もいうことはできない[6]。

ここで，エントロピーと SMI の違いが最も重要になる。SMI はエントロピーと異なり，任意の分布に対して定義できる。したがって，非平衡状態にある系に対して SMI を考えることには意味がある。全粒子の速度を反転させるとき，位置についての分布が明確に定義できるものとして，粒子の位置に関する SMI は変わるかも知れない。一方，平衡状態が全状態 Ω を含むことを認めれば，速度の反転前のエントロピーは $S(E, 2V, N)$ であり，反転後もその同じ値 $S(E, 2V, N)$ に留まる。しかしながら，平衡状態として状態 Ω' のみを考えるならば，反転の開始時にエントロピーは $S(E, 2V, N)$ から始まるということができるが，その後エントロピーを定義できない時間が存在して，長い時間の後に系はエントロピー $S(E, 2V, N)$ をもつ平衡状態に到達する。

したがって，理由づけは，平衡状態をどのように定義するかに依存する。キャレン［Callen (1985)］が指摘したように，平衡のどのような定義も循環論法的である。平衡は，熱力学的関係式が適用できる状態として定義される。一方，熱力学的関係式，特にエントロピーは，平衡状態に対して適用される。

平衡状態はその定義からわかるように時間変化しないので，平衡状態のエントロピーも時間変化しない。

我々は，図 5.10 の (b) から (c) への反転過程を論じた。しかし，エントロピーが時間によらないということは，膨張過程，すなわち図 5.10 の (a) から (b) への過程に対しても成り立つ。

気体の V から $2V$ への膨張では，(E, V, N) で定義される初期平衡状態から出発し，その状態のエントロピーは $S(E, V, N)$ で与えられる。膨張が起こった後，新しい平衡状態が得られ，その状態に対するエントロピーは $S(E, 2V, N)$ となって，$S(E, V, N)$ よりも大きくなる。この過程では，エントロピーは初期の $S(E, V, N)$ から最終的な $S(E, 2V, N)$ へと，ある時間，例えば Δt かかって増加した。しかしながら，エントロピーの時間依存性を記述する関数 $S(t)$ は存在しない。気体の膨張過程という特別な例では，時間間隔 Δt あるいは膨張過

---

[6] 訳注：最近の非平衡系に関する研究の進展を考えると，この部分は少し言い過ぎかも知れない。

程の"速さ"は，2つの領域を結ぶ開口部の大きさに依存する可能性がある．開口部が小さいほど最初の平衡状態から最終的な平衡状態に至るまでの時間は長くなるだろうが，エントロピーの変化 ΔS は同じで $R \ln 2$ となる．速さは，温度にも依存する可能性があるが，その場合でも，ΔS は変わらないだろう．同様に，高温物体から低温物体への熱伝達の場合も，全系のエントロピー変化は，初期平衡状態と最終平衡状態が与えられれば決まってしまう．一方，1つの平衡状態から別の平衡状態へ移行するのにかかる時間は，2つの物体間の連結部がもつ熱伝導度に依存するだろう．

したがって，膨張過程で分離壁を取り除いた瞬間には，系は平衡状態にはなく，そのため，系が1つの平衡状態から別の平衡状態へ移行している間の系のエントロピーがどのように変化するかを論ずるのは無意味である．エントロピーの時間変化は，図 5.11(a) に示されたもののように見えるだろう，ここで t_0 は，制限（ここでは隔壁）を取り除いた時刻であり，t_1 は系が新しい平衡状態に到達した時刻である．

膨張過程を小さな段階にわけて実行することもできる．各段階で，隔壁に小さな窓を短時間だけ開き，すぐに閉じる，そして系が平衡に達するのを待つ．平衡に達したら，また窓を開き，閉じるということを繰り返す[注19]．この場合に，エントロピーは図 5.11(b) のように時間変化するだろう．注意して欲しいのだが，このような S の階段関数的な t 依存性は，関数 $S(t)$ が存在するからではなく，適当な間隔で窓を開け閉めするという方法を，我々が選んだからである[注19]．

もちろん，各時点で粒子の位置と速度の分布を計算することはできる．これらの分布に関連して，SMI も定義できる．したがって，SMI の時間変化を辿ることができる．しかしながら，系のエントロピーは SMI を最大にする分布に対してのみ得られる，すなわち平衡状態に対してのみ得られるのである．この

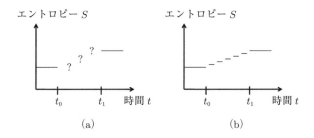

図 **5.11** 気体の膨張におけるエントロピーの段階的増加．(a) 1 段階；(b) 多段階．

理由づけが示唆するのは，非平衡状態の世界に熱力学を拡張する最良の方法は，SMI の概念を使うことだということである．SMI はどんな分布に対しても明確に定義できるが，エントロピーは SMI を最大にする分布に対してのみ定義されるからである．

5.6 生命は第二法則から"発生する"のか，あるいは第二法則はそれを許さないのか？

1944 年，シュレディンガーは小冊子ではあったが，非常に影響力のある本，『生命とは何か？』(*What is Life?*) を出版した．この本は，生命を定義しようと試みた，また生物が"不活性な平衡状態への急速な崩壊を避ける"のはなぜなのかを説明しようとした最初のまじめな取り組みであったと考えられる．"生物がどのように崩壊をさけるのか"という質問に対して，シュレディンガーは次のように答えている．

> "明らかな答えは：食べて，飲んで，呼吸をして，(植物の場合は) 同化してというものだ．"

これは意味のある答えである．しかし，シュレディンガーはさらに問う，"それでは，我々を死から遠ざける食べ物に含まれる貴重なものとは一体何なのか？" この質問に対する彼の答えは次のようなものである：*"生物が食事から得ているのは負のエントロピーである．あるいは，逆説的でない表現にするなら，代謝において本質的なのは，生物が生きることによって生成しているエントロピーを解放することに成功しているということである．"*

私にはこれらの記述が意味のあるものとは思えない．ヘイガー [Hager (1995)] は，彼が書いたライナス・ポーリング (Linus Pauling) の伝記の中で，ポーリングがシュレディンガーの本にどのような反応を見せたか，伝えている．

> "ポーリングはこの本はでたらめだと考えていた．誰も'負のエントロピー'のようなものの存在を証明した人はいない … シュレディンガーの熱力学に関する議論は曖昧で表面的である … シュレディンガーは生命に関する我々の理解に何の寄与もしていない．"

私は生命の理解に関するシュレディンガーの寄与についてのポーリングの見解に，完全に同意する．私がシュレディンガーの本に同意できない主要な点は，生物が平衡状態にはないということである．したがって，(正であれ負であれ) 生物にエントロピーが関わるというのは無意味である．

5.6 生命は第二法則から"発生する"のか,あるいは第二法則はそれを許さないのか？

ある人々はもう一段踏み込んで,"生物が崩壊をどのように避けるか？"という質問に答えるだけでなく,第二法則が生命を説明できると主張する。アトキンスは『第二法則』(*The Second Law*) という彼の著書で,次のように書いている [Atkins (1984)]。

> "第8章で,第二法則が,生命の特徴である複雑に秩序化した形態の発生をどのように説明するかをみる。"

さらに,より最近の本でアトキンスは次のように述べている [Atkins (2007)]。

> 第二法則は全時代を通しての偉大な科学法則の1つである,なぜなら,それは熱い物体の冷却から思考の形成ににに至るまで,あらゆることが一体なぜ起こるのかを明らかにするからである。

さらに同じ本の中で,次のようなことをつけ加えている。

> 第二法則は中心的な重要性をもつ… なぜなら,それはすべての変化がなぜ起こるのかを理解するための基盤を与えるから… 我々の文化を豊かにする文学,芸術,音楽などの創作活動（をも理解するための基盤を与える）。

また,上述の2冊の本で,最後にアトキンスは第二法則について書いている。

> "… 熱力学の第二法則ほど,人間の精神を解放するのに寄与した科学法則はない。"

これらすべての引用は,非常に印象的に述べられているが,第二法則とは全く無関係である。第二法則はすべての変化に対する説明を与えてはいない,単純な気体の膨張に対する説明も,ましてや生命に関わるどのような変化に対する説明も与えてはいない。

私の意見では,そのような主張は,意味をなさないばかりか,熱力学の第二法則を理解しようとしている人々を実際に邪魔している。生命現象は,平衡からはるかに離れた状態で起こる,極端に複雑な過程を含んでいる。誰でも生命が非常に複雑な現象であることを知っている,その多くの側面,例えば思考,感情,創造性などは,理解から程遠いところにある。したがって,生命を第二法則によって説明するという実現できない約束は,必然的に読者にフラストレーションを与え,エントロピーおよび第二法則も生命と同様,理解するのが絶望的に難しいと結論づけさせることになろう。

最後に，第二法則と進化論の関係に関する多くの議論や論争が，文学のテーマになっていることを述べておくべきであろう。進化は第二法則と矛盾すると主張する人もいる，結局のところ，"どのような系も自然に任せて放置されば，常に秩序から無秩序へと移行するであろう。" したがって，進化は不可能である。また他の人々は次のように論じる。矛盾は何もない，思うに生命の特徴である "秩序" は開放系においては増加しうる。したがって，進化は第二法則と矛盾しない。ステイヤー [Styer (2008)] は "生物進化に含まれるエントロピー…" の評価を試みることまでしている。

本書を通して私の主張を読んできたのならば，進化と第二法則に関する論争がいかに無益なものであるかわかるであろう。

第二法則は系が（動くものであれ何であれ）秩序から無秩序へ進むとはいっていない。第二法則は，開放系のエントロピーが増えるとも減るともいっていない。第二法則は，平衡から遠く離れた系について何も述べていない。したがって，これらの生命，進化，第二法則に関するすべての話は余計なことなのである。

一休みして考えてみよう:
あなたは以下のように主張することができるだろうか？

1. 生命は第二法則から発生する？
2. 第二法則は生命を排除する？
3. 進化は第二法則から生じる？
4. 第二法則は進化と矛盾する？

もしも私の答えに興味があるのであれば，注 20 を見よ。

5.5 節で，分子運動の可逆性と第二法則に関連した非可逆性の間の見かけの矛盾に対するボルツマンの反応を引用した。ここでは，見かけ上の可逆性パラドックスと同時に生命の反転の可能性を論じた [注 21] ケルビン卿 [Thomson, (1874)] を引用しよう。

> もしも，全宇宙を構成するすべての粒子の運動を，任意の瞬間に正確に反転させたとしたら，自然の展開は単純に逆向きになってその方向に動き続けるであろう。滝壺で破裂する泡の粒は，再結合して水中に落ちていくだろう … 巨礫は泥から回復し，以前のぎざぎざした形を再形成するために必要な物質となる，さらにそれらは再結合して，それらがはがれ落ちてきた元の山の頂に戻る。そして，生命の物質仮説が真実であるならば，生命体も，未来を知り，過去の記憶をもたずに逆方向に成長して，生まれる前の状態に戻るであろ

う。しかし，生命の現実の現象は人類の科学をはるかに超越している…しかしながら，それは生命に影響されない物質の運動の反転に関しては全く違っている。その反転を非常に基本的に熟慮することによって，エネルギー散逸の理論を完全に説明することができるのである。

5.7 結論

本書のメッセージを数行の文章でまとめるときが来た。

エントロピーと第二法則の解釈を試みる前に，2つの注意書きがある。

1. 系の状態あるいは系の状態変化に対する記述子はどちらも，エントロピーの記述子と同じである必要はない。
2. W を平衡系における実現可能な微視的状態の数として解釈することは，$\log W$ あるいはエントロピーの解釈と必ずしも同じではない。

これら2つの注意書きを念頭に，本書の要約は次のようになる。

1. エントロピーは，シャノンの情報測度の特別な場合である。特別というのは，SMI が任意の確率分布に対して定義されるという意味においてである。エントロピーは非常に限定された領域の確率分布について定義される SMI である（指針としては図 3.9 を見よ）。このように，エントロピーの解釈は SMI の解釈から導かれる。
2. 熱力学の第二法則は，孤立系の自発的過程において，エントロピーが常に増加するということを表している。系の自発的状態変化の理由は，単に新たな平衡状態の確率が，初期状態の確率よりはるかに大きいからなのである。孤立系における自発的過程で，系のエントロピーが増加する理由は，単に系のエントロピーが単調増加関数によって，系の状態の確率に関係づけられているからなのである。

すべての他の記述子は——無秩序，広がり，分散，情報，自由，美しさ，あるいは醜さなど，何であれ——系の状態の記述子になるのがせいぜいである。それらは，エントロピーや熱力学第二法則とは（直接）関係していない。

付録 A

A.1 熱力学を公理化するためのキャレンの手順

キャレン（H.B. Callen）は彼のすばらしい教科書［Callen (1961)］の中で，熱力学を数個の要請から展開して見せた。これらの要請は，数学理論における公理と同じ役割を果たしている。キャレンが行ったのは，熱力学の伝統的な歴史的展開を"逆転"させることであった。彼が選んだ数個の要請は，本質的に，我々が熱力学を通してすでに知っているエントロピーの性質である。キャレンは彼の本［Callen (1961)］のまえがきで次のように述べている。

> "熱力学の公理論的な定式化は，過程より状態を基本的な構成要素として重視する。"

> "伝統的な手法では，逆に過程から状態関数へと進む…"

彼が提唱した 4 つの要請は以下の通りである。

> 要請 I：内部エネルギー U，体積 V，そして化学的な組成成分のモル数 $N_1, N_2, \cdots, N_r$ によって，巨視的に完全に特徴づけられる，単純な系の特別な状態（平衡状態と呼ばれる）が存在する。

> 要請 II：任意の複合系の示量性パラメーターの関数（エントロピー S と呼ばれる）が存在し，すべての平衡状態に対し定義され，次のような性質をもつ：内的な制限がない場合の示量性パラメーターが取る値は，制約された平衡状態の多様体の中で，エントロピーを最大にするものである。

キャレンは何度も繰り返し，エントロピーの存在要請は平衡状態に対してのみ適用されるということを強調している。

要請III：複合系のエントロピーは構成部分系に渡って加算的である。エントロピーは連続かつ微分可能であり，エネルギーの単調増加関数である。

要請IV：任意の系のエントロピーは以下の条件を満たす状態においてゼロになる。

$$\left(\frac{\partial U}{\partial S}\right)_{V,N_1,\cdots,N_r} = 0 \quad (\text{すなわち，絶対零度で})$$

ここで強調しておきたい本質的な点は，キャレンは新しい概念を導入せず，エントロピーについて知られている概念ならびに知られているエントロピーの性質を用いて，熱力学のすべての体系を最小数の要請で構築したことである。

彼の教科書［Callen (1961)］の付録Bで，彼はまた基本的にボルツマンによるエントロピーの定義を用いて"エントロピーの重要性"をまとめ，次のように述べている。"任意の巨視的状態に対するエントロピーは，巨視的状態に関係づけられた微視的状態の数の対数に比例する。"

キャレンはその教科書の第2版［Callen (1985)］で，Ωの意味を"利用可能な微視的状態の数"として明確化し，さらに"巨視的制限と矛盾しない微視的状態の数"であると説明している。彼は，"微視的状態の数"を，"利用可能性"，"無矛盾性"，"実現可能性"あるいは"広がり"などの単一の言葉で置き換えるという罠にははまらなかった。

A.2　情報測度を導出するためのシャノンの手順

シャノンは情報理論を定式化した［Shannon (1948)］。彼は情報測度が存在するかどうかわからない状況で，情報測度のいくつかの性質を要請した。この点で，シャノンの手法は他の公理論的手法とは大きく違っている。シャノンはそれが存在するならば満たさなければならないいくつかの性質を要請することによって，未知の量を探索した。

シャノンは情報を測ると考えられる関数$H(p_i,\cdots,p_n)$の満たすべきいくつかの性質を列挙することから始める。$(p_i,\cdots,p_n)$を任意の分布であるとする。

(i) Hはp_iについて連続である。
(ii) すべてのp_iが等しい，すなわち$p_i = 1/n$であるならば，Hはnの単調増加関数である。
(iii) 選択が，連続する2つの選択に分解される場合には，元々のHは個々のHの値の加重平均になる。

ついで，シャノンはこれらの要請を満たす関数 $H(p_i, \cdots, p_n)$ が次の形でなければならないことを示した。

$$H(p_i, \cdots, p_n) = -K \sum p_i \log p_i \tag{A.1}$$

ここで，K は定数であり，その選び方で情報の単位が決まる。

式 (A.1) に与えられる関数 $H(p_i, \cdots, p_n)$ は，どんな分布にも適用される。性質 (i) から (iii) は，もっともらしさにもとづいて選ばれたものである。3つ目の要請 (iii) は最初の2つに比べると，少々自明でないかもしれないが，それが合理的な性質であることは示すことができる。(第三の要請は，H の加算性の仮定で置き換えてもよい。)

定数 K をボルツマン定数 k_B に選べば，H は統計力学におけるエントロピーの定義と一致する。

ジェインズ (E.T. Jaynes) が強調しているように，多くの分野（例えば，信号伝達やサイコロ投げの結果など）で定義される一般的な量 $H(p_i, \cdots, p_n)$ の間で見られる形式的な一致は，これらすべての分野で情報が同じであることを意味しているわけではない。しかし，H が式 (A.1) のように定義される任意の分野において，それはその特定の分野に適用された SMI としての意味をもたねばならない。

A.3　キャレンによる "無秩序" の定式化

キャレンは彼の教科書の第2版で，"エントロピーの無秩序による解釈" を定式化しようとした。彼はシャノンの情報測度を認識することから始める。

> "実際，1940年代後半にクロード・シャノンによって樹立された '情報理論' の概念的枠組みは，シャノンの**無秩序測度**によるエントロピーの基本的解釈を与える。"

そして，彼は "無秩序測度" の満たすべきいくつかの性質を要請する。

シャノンによって解決された問題は，与えられた分布 $\{f_j\}$ に関連する無秩序の定量的測度を定義することである。

(a) 無秩序の測度は数字の組 $\{f_j\}$ によって完全に定義されるべきである。

(b) もしも，f_j のうちの任意の1つが1（残りはすべて必然的に0）であれば，系は完全に秩序化している。この場合の無秩序の定量的な測度は0になるべきである。

(c) 最大の無秩序は，各 f_j が $1/\Omega$ に等しい場合に対応する。すなわち，家の中のどの部屋に対しても特別な好みを示さず，全くランダムに部屋を渡り歩いている子供のような状態が対応する。

(d) 最大の無秩序は Ω の増加関数でなければならない（小さな家よりも大きな家の中を歩きまわる子供にとってより大きくなることに対応）。

(e) 無秩序は"部分的な無秩序"に渡って加算的に合成されるべきである。すなわち，$f^{(1)}$ を子供が 1 階に滞在する時間の割合，$Disorder^{(1)}$ を 1 階にある部屋についての無秩序分布であるとし，同様に 2 階について $f^{(2)}$ と $Disorder^{(2)}$ を定義するとき，全無秩序は次のように表されるべきである。

$$Disorder = f^{(1)} \times Disorder^{(1)} + f^{(2)} \times Disorder^{(2)}$$

これらの定性的にもっともらしい属性は，無秩序の測度をユニークに決定する。具体的には

$$Disorder = -k \sum_j f_j \ln f_j$$

となる。ここで，k は任意の正の定数である。

閉じた系では，エントロピーは，系の許される微視的状態に渡る分布について，可能な最大の無秩序に対するシャノンの定量的な測度に対応する。

したがって，エントロピーは系の許される微視的状態に渡っての関連する分布における無秩序の定量的測度であるというのが，エントロピーの物理的解釈であるとわかる。

これらは本質的にシャノンが情報測度に対して要請した性質である。ここで，キャレンは 2 つの落とし穴に嵌ってしまった。第一に，シャノンは**無秩序**や**無秩序の測度**について論じたことは**一度もない**。第二に，シャノンは**情報測度**の性質としてもっともらしいものを要請したのであって，**無秩序の測度**に対してもっともらしい性質を要請したのではない。

この機会に，キャレンの無秩序の嘆かわしい定義に対する理由の説明に立ち入ってみようと思う。キャレンは明らかに，情報理論に対するシャノンの手法を理解し，おそらく敬服していたと思われる。これは，彼の教科書 (1985) の第 17 章における議論からも明らかである。しかしながら，キャレンはおそらく，

"情報"の概念にまつわる"主観的"特性を受け入れられなかった。したがって，彼はSMIのよいところを取り入れ，同時に主観のしみ込んだ情報という概念を拒否したいと考えた。そこで，彼はSMIを取り込み，よいところだけを取って，それが何か別のもの，彼の場合は"無秩序"であると装った。

A.4 広がり関数を導くためのレフの手順

レフ（H.S. Leff）は広がりおよび分配の暗喩を定式化しようと，真剣に取り組んだ [Leff (2007)]。彼の手順には熱力学を公理化するためのキャレンの手順および"無秩序"を定式化しようとしたキャレンの試みが要素として含まれる。レフは，真の広がり関数がもたなければならない，そしてもっともらしいと思われる性質を列挙した。

1. 一様な物体に対しては，$\mathcal{J}$ は系のエネルギー E，体積 V，および粒子数 N の関数である。

   理論的根拠：これらは1成分系に対する一般的な熱力学変数である。

2. 温度が一様な場合，$\mathcal{J}$ はエネルギー E の増加関数である。

   理論的根拠：エネルギーが多いということは広がるためのエネルギーが多いこと，したがってより多く広がるということを意味する。

3. 同一の物質からなるが，体積とエネルギーが2倍である物体に対しては，$\mathcal{J}$ の値は，元の物体に対する値の2倍になる。すなわち，$\mathcal{J}(2E, 2V, 2N) = 2\mathcal{J}(E, V, N)$。このことは，2倍の体積を占める2倍の粒子数に渡って広がるエネルギーが2倍になったとき，広がりの度合いも2倍になることを要請する。一般化すれば，任意の実数 $\beta \geq 0$ に対し，$\mathcal{J}(\beta E, \beta V, \beta N) = \beta \mathcal{J}(E, V, N)$ が成り立つ。これは示量性（extensivity）と呼ばれる性質である。

   理論的根拠：明らかに，$\beta > 1$ の場合にはより多くの広がりが存在し，例えば，E, V, N を2倍にすれば，$\mathcal{J}(E, V, N)$ も倍になるのは妥当なことである。E, V, N をもつことは，対応する広がりがあるということとほとんど同じである，等々。

4. a および b で表される2つの系に対し，$\mathcal{J}_{a+b} = \mathcal{J}_a(E_a, V_a, N_a) + \mathcal{J}_b(E_b, V_b, N_b)$ が成り立つ。

   理論的根拠：我々は，広がり関数が，内部エネルギー，体積，粒子数と同様に加算的であることを要請する。これは，系 a と b

の境界における広がりの影響が，バルク領域への広がりに比べ無視できるという信念にもとづく。粒子間の原子間力，分子間力は短距離型であることが仮定されている。
5. $\mathcal{J}_{a+b}$ は平衡で最大になる。

理論的根拠：広がりは平衡に達して，それ以上増加できなくなるまで継続する。これは以下の例でもっと明確になるであろう。

私の見解では，レフが行ったことは，エントロピーの性質を"広がり"の概念に対応させただけである。したがって，予想されるように，彼はエントロピーに対して用いられる記号 S は "spreading"（広がり）を略記したものと見なすべきであると結論づけた。私の意見では，上に挙げられた性質はどれも，"広がり"の妥当な性質ではない，まさにそれらが，"無秩序"や"自由"あるいは"情報"の妥当な性質とはいえないように。

第1章で論じたように，"広がり"という術語は，もともとグッゲンハイムが W の簡略表現として用いたものである。W に対するこの簡略化された不十分な表現を受け入れたとしても，それは $\log W$ に関して何もいってはいない。W の解釈を $\log W$ に拡張することの論理的誤りについては，第1章で論じた。

注　一　覧

第1章の注

1. これはいくつかの特殊な混合過程に対しては正しい．自発的には起こらない他の混合過程も存在するし，自発的に起こる分離過程も存在する．これらは第4章および Ben-Naim (2008) で論じられている．
2. 卵が床に落ちてあちこちに散らばったり，また動物が時とともに老い，最終的に死に至るというようなよく知られた一方向過程に，私が言及しなかったことに注意して欲しい．飛び散った卵がそのかけらを寄せ集め，再結合して無傷の卵に戻るのを見た人はいないし，死体が生き返り，"若返っていく" のを見た人もいない‥‥．これらの例を挙げなかった理由は，熱力学が平衡状態間の変化を扱うものであり，エントロピーは状態関数として定義されるものだからである．これは，エントロピーが平衡にある熱力学系に対してのみ定義されることを意味する[1]．
3. 教科書の中には，この定義に "可逆な" 熱流という明確化を付加して書いているものもある．我々はこの形容詞を用いないことにしよう．非常に微少な熱量がほぼ温度一定の系に流れ込むというだけで十分である．これは，準静的過程と呼ばれることもある．"可逆な" という表現は，エントロピーが変化しない過程に対する表現として，取っておくことにする［Callen (1985) を見よ］．
4. 系内の各点において定義される全ての示強性パラメーターは時間変化しないことも要請する．平衡にはないが，長期にわたって目に見える時間変化はないというような系も存在する．そのような系は準安定状態[2]にあるといわれる．

　　実際，平衡に対する基準は循環論法的である．実務上は，系の性質が熱力学で

---

[1] 訳注：このことは本書を通して繰り返し述べられるが，現時点で明確に定義ができているのは平衡系のエントロピーだけであるという主張と考えるべきであろう．非平衡系にエントロピーの概念が存在しないというのはいい過ぎで，非平衡系のエントロピーに対しては誰もが同意するような定義が，今のところ得られていないと考えるのが健全だと思われる．

[2] 訳注：原文では metastable equilibrium state と書かれているが，ここでは平衡という言葉は用いない方がよいと思われる．

矛盾なく記述されるならば，その系は平衡状態にあると考える。しかし，熱力学理論は平衡状態に対してのみ適用される。Callen (1985) を見よ。
5. Cooper (1968) を見よ。
6. Ben-Naim (2008) を見よ。
7. Battino (2007).
8. Boltzmann (1896).
9. "エントロピーの減少" の意味については第 5 章でさらに論じることにしよう。
10. Ben-Naim (2007) および第 5 章を見よ。
11. Guggenheim (1949).
12. Lewis (1930)。エントロピーを具体的に記述するために "情報" という言葉を用いたのはルイス (G.N. Lewis) が最初だと思われる。しかし，もっと以前にエントロピーと "情報" を暗黙のうちに関連づけたのはマクスウェルであった。
13. Nordholm (1997).
14. たくさんの例が存在する。最近のものとしては，Atkins (2007) を見よ。
15. Atkins (2007), p. 61。この引用には，"エントロピー" と "無秩序" を結びつける記述以上のものがある。この記述の中で，著者達は次のように述べている；"我々は … エントロピーが無秩序の測度であることを探求し … 実証しよう。" これは，根拠のない記述以上のものである。この記述はまた，その本を読んだ読者が，エントロピーと無秩序の結びつきを実証できると思わせるように誤解させる。私はその本を全部読んだが，何も実証することができなかった。私がアトキンスの本で何か見落としたり，理解し損ねている点があると気づかれた方がおられたら，ぜひ私に手紙を書いて説明していただきたい。もしも私が納得できたら，私の誤解を認め，本書の改訂版で公表するつもりである。
16. Atkins (2007).
17. 冗談めかしてフォン・ノイマンが述べたと伝えられている（第 3 章における Tribus and McIrvine (1971) からの引用を見よ）。
18. Callen (1985).
19. Guggenheim (1949).
20. Lambert (1992, 2002, 2007)。この見方は "エントロピーの新しい見方" と呼ばれている，Lambert (2006)。この見方が "新しい" ものではないことは確実である，なぜなら，それは Guggenheim (1949) にすでに現れているのだから。
21. http://entropysite.oxy.edu
22. 実際，これは単なるおもしろい結論というよりは，科学に害をなすものである。
23. Leff (1996, 2007).
24. ここでも，読者の中で，私がレフの議論について何か見落としていると思われる方がおられたら，ぜひとも私に手紙を書いて，私が間違っていることを納得させていただきたい。それに従って，この節を改訂することをお約束する。

注　一　覧　　*171*

25. Shannon (1948).
26. Jaynes (1957).
27. Gell-Mann (1994).
28. Prigogine (1997).
29. Atkins, *The Second Law* (1984).
30. エントロピーの変化は単純に $\Delta S = nR\ln(T/T_1) + nR\ln(T_2/T)$ となる。

第2章の注

1. 驚いたことに，20個の質問は，100万個の対象物から，1つを見つけるのに十分以上なのである。納得できなければ，Ben-Naim (2010) を見よ。実際の 20-Q ゲームでは 100 万個の対象物から選ぶというようなことは決してない。
2. これは，実際に子ども達で試された。結果は Ben-Naim (2010) のなかで説明されている。
3. 最も賢い戦略が本当に最も賢い，あるいは，最も効率的な質問方法であるということを納得したら，図 2.1(a) と図 2.1(b) の 2 つのゲームの間に何の違いもないことがわかるであろう。
4. 通信理論においては，重要な測度はメッセージのサイズであることに十分注意を払うべきである。"硬貨が k' 番目の箱にある。" これは，20-Q ゲームで我々が求めている情報のサイズとは異なる。
5. このゲームおよび他のゲームにおける平均の質問数をどのように計算するかは，Ben-Naim (2008) で議論されている。
6. 詳しくは Ben-Naim (2008) を見よ。
7. 我々は，$N=2$ という特別な場合に対してのみゲームを変更した。非常に大きな N に対しては，ルールを変更しようがするまいが問題にならない。違いは，もう1つ質問が増えるかどうかというだけである。
8. $SMI(p)$ の $p=0$ あるいは $p=1$ の極限に対する値はゼロであることに注意せよ。本書では文字 H とイニシャル表示 SMI の両方を互換的にシャノンの情報測度を表すものとして用いる。
9. 注意して欲しいのだが，分布 $p_1, \cdots p_n$ は以下の条件を満たさなければならない；$0 \le p_i \le 1$ および $\sum p_i = 1$。n 個の可能な実験結果があり，各結果は実現確率 p_i をもっている，そして結果のうちの1つは必ず起こる，すなわち，$P(\Omega) = 1$ である。
10. シャノン自身は，情報測度を連続変数の場合に一般化することに含まれる数学的困難を，明らかに気にしていなかった。Khinchin (1957) および Ben-Naim (2008) も見よ。
11. 問題はより多くの情報を含むということもできるし，我々が失った情報がより大

きいということもできる。この解釈は我々の無知として表現されることもある。後者は，潜在的に誤解を招きやすい。無知という言葉が我々の**主観的無知**と理解される可能性があるからである。

12. 以下のような簡略化された記号を用いることにしよう：$p_i = p_X(i) = p(X = x_i)$, $q_j = p_Y(j) = p(Y = y_j)$ および $p_{ij} = p_{XY}(i,j) = p(i,j) = p(X = x_i, Y = y_j)$。$p_i$ はランダム変数 X が値 x_i を取る確率であり，同じような意味が q_j や p_{ij} に対しても当てはまる。

13. これは，初歩的な不等式 $\ln x \leq x - 1$ から直接証明できる。$x = p_i/q_i$ と置けば，$\ln p_i/q_i \leq p_i/q_i - 1$ を得る。両辺に q_i を掛け，i について和を取れば，$\sum q_i \ln p_i/q_i \leq \sum p_i - \sum q_i = 0$ を得る。そこから，式 (2.41) が導かれる。

14. 量 $H(Y/X)$ は $H_X(Y)$ のように表されることもある。

15. ときには $I(X;Y)$ の代わりに，記号 $H(X;Y)$ が用いられることもある。これは $H(X,Y)$ と $H(X;Y)$ が似ているため，潜在的に混乱しやすい記号である。

第3章の注

1. Tribus and McIrvine (1971)。この他にも一般化エントロピーと呼ばれているが，実際には SMI の一般化である量が存在することに注意すべきである。"ツァリスエントロピー（Tsallis entropy）" や "レニーエントロピー（Rény entropy）" などはその例である。

2. 数え方はまた，粒子がフェルミオンかボソンかにも依存する。詳細は Ben-Naim (2008) を見よ。

3. 詳細については Ben-Naim (2008) を見よ。

4. 詳細については Ben-Naim (2008) を見よ。

5. Sackur (1912), Tetrode (1912) を見よ，また初等的な導出については Hill (1960), Ben-Naim (2008) 参照。

6. エントロピー関数，式 (3.45)，の多成分系への一般化は容易である。区別できる粒子に適用される位置の SMI は

$$H_{\max}^{\mathrm{D}}(位置) = \sum_{i=1}^{c} N_i \log V$$

となる。区別できない粒子の場合は（異なる種類の粒子は区別できることに注意）

$$H_{\max}^{\mathrm{ID}}(位置) = H_{\max}^{\mathrm{D}}(位置) - \sum_{i=1}^{c} \log N_i!$$

となる。運動量の SMI は

$$H_{\max}(運動量) = \sum_{i=1}^{c} \frac{3N_i}{2} \log(2\pi e m_i k_B T)$$

となり，不確定性原理による補正の後，

$$H_{\max}(\text{位置と運動量}) = \sum_{i=1}^{c} N_i \log \left[\left(\frac{V}{N_i}\right) \left(\frac{2\pi m_i k_B T}{h^2}\right)^{\frac{3}{2}} \right] + \frac{5}{2} \sum_{i=1}^{c} N_i$$

を得る。$k_B \ln 2$ をかければ，理想気体の混合エントロピーが得られる。
7. 表面効果は別に考えることができるが，本書で扱うべき問題ではない。
8. これは現実の系では当然不可能である。重力場は（地上では）常に存在しているが，我々は重力の効果が無視できると仮定する。

第4章の注

1. もしもエントロピーに対する"広がり"の暗喩を受け入れれば，エネルギーが多いということは，広がるエネルギーが多いことを意味する。したがって，図4.1の膨張過程におけるエントロピー変化は，系のエネルギーが大きいほど，あるいは等価なことだが温度が高いほど，大きくならなければならない。これはジョークではない！ 広がりの暗喩を支持する人が，*Journal of Chemical Education* に私が投稿した論文を却下した。理由は，私がその論文で理想気体の膨張過程および理想気体の混合におけるエントロピー変化は温度に**依存**しないと述べたからであった。第5章の注12を見よ。
2. 熱力学の教科書を見よ，例えば Callen (1985), Ben-Naim (2008) など。
3. Ben-Naim (2006) を見よ。
4. SMI に対する結果は，粒子がフェルミオンかボゾンかに依存する。詳細は，Ben-Naim (2008) を見よ。
5. 詳細は Ben-Naim (2008) を見よ。
6. $N \to \infty$ の極限で，式 (4.22) の $\Delta(SMI)$ の値は無限大になることに注意すべきである。しかしながら，粒子当たりの $\Delta(SMI)$ はゼロになる。したがって，打ち消し合いは熱力学的な系で近似的に成り立つだけである。
7. 孤立系の膨張過程においては，全エネルギーが一定である。気体が膨張すると，分子間相互作用の平均ポテンシャルエネルギーは，初期状態より終状態の方が大きくなるであろう。したがって，（運動エネルギーは小さくなって）系の温度は下がらなければならない。エントロピー変化への2つの寄与が存在する。1つは体積の増加に起因するもの，もう1つの負の寄与は温度の低下によるものである。エントロピーの正味の変化は正でなければならない。
8. ここでは，分子間の平均ポテンシャルエネルギーは減少するだろう。全エネルギーは一定なので，分子の温度は上がる。したがって，エントロピー変化には2つの正の寄与が存在する。

9. 粒子の速さあるいは運動エネルギーは分布の対象物としてここに入って来るのであって，エントロピー変化を可能にするものとして入っているわけではないことに注意せよ．膨張の例においては，分布の対象物は粒子の位置であった．粒子の速さあるいは運動エネルギーをエントロピー変化が生じるために必要なものとして言及する必要性はどこにもない．第 5 章も見よ．
10. この例では，エントロピー変化に 3 つの寄与がある．第一は，位置の SMI の増加であり，第二は運動量の SMI が変化することによる（これは正にも負にもなりうる．その具体例を考えてみるとよい．図 4.23 を見よ）．最後は，粒子間の平均的な相関の変化によるものである．より詳細なことは Ben-Naim (2008) を見よ．

第 5 章の注

1. Ben-Naim (2008)．
2. 私の著書 Entropy Demystified（『エントロピーがわかる』）に関して，ランバートが entropysite.oxy.edu および Amazon.com に投稿した書評を見よ．
3. 確率に関する教科書を見よ，たとえば Papoulis and Pillai, 4th edition (2002)．もう少し簡略な議論は Ben-Naim (2008) にもある．事象の起こる確率が高いことは "確率" が事象の原因であることを意味するわけではないという点は指摘しておくべきであろう．確率の定義はどんなものであれ，循環論法的である．しかし，我々が非常に大きな確率の比，例えば 2 つの事象の実現確率の大きな違いを考えている際には，確率の実現頻度による定義を問題なく用いることができ，ある事象から出発して，実験を多数回繰り返せば，ほとんどの回で高確率の事象が実現すると主張することができる．ブリユアン（L. Brillouin）の本 [Brillouin (1962)] に不適切な記述がある：" 確率は増加する傾向をもち，それでエントロピーも増加する傾向をもつ．" 私は，これは筆が滑ったのだと信じている．系の状態は低確率の状態から高確率の状態へと変化するが，状態の確率は時間変化しない．
4. この事実は，いくつかの文献で混乱を引き起こしている．N が大きくなるにつれ，$W(n^*)$ も N とともに増加するのは事実であるが，$W(n^*)$ と 2^N の比は N とともに減少する．
5. もしもあなたの答えがゼロと異なるものであるならば，5.1 節を再度全部読み直すか，確率に関する本を調べてみるべきである．この実験では分離壁を取り除いていないことに注意せよ．一方で，もしも，私がこのような馬鹿げた質問をした理由がよくわからない場合には，5.4 節を読んでみて欲しい．
6. これは式 (5.3) から厳密に計算できる．

$$P_{100}(50 - 1 \leq n \leq 50 + 1) \cong 0.235$$

$$P_{1000}(500 - 10 \leq n \leq 500 + 10) \cong 0.493$$

$$P_{10000}(5000 - 100 \leq n \leq 5000 + 100) \cong 0.955.$$

さらに大きな N に対しては式 (5.12) の近似を用いなければならない。
7. 詳細については，Ben-Naim (2008) あるいは Shannon (1948) を見よ。
8. Lambert FL. (2007) *J Chem Education* **84**: 1548.
9. Lindley DV. (1965) *Introduction to Probability and Statistics.* Cambridge University Press, Cambridge.
10. これについてさらに詳しい説明は Ben-Naim (2008) にある。
11. Lambert FL. (1999) *J Chem Education* **76**: 1385.
12. 馬鹿げていると思うかも知れないが，私が *Journal of Chemical Education* に投稿した論文の査読者は，以下のような主張のもとに掲載を拒否した。

    "量子力学的な '広がり' の考え方は，これらの記述が正しくないことを示唆している。体積が増加すれば，より多くの低エネルギー状態が可能になり，速度情報が変化するので，速度分布が変化する。"

13. Lambert FL. (2006) *Chemistry* **15**: 13.
14. Greene B. (2004) *The Fabric of the Cosmos, Space, Time and the Texture of Reality.* Alfred A. Knopf.
15. Hawking SW. (1988) *A Brief History of Time.* Bantam Books, New York.
16. Boltzmann (1896).
17. Lebowitz (1999).
18. 皆さんは，初期状態に戻るまでどのくらい長い時間がかかるのだろうかと疑問に思うかもしれない。この問題は本節で我々が議論しているものとは違っている。ここでは，我々は状態 (a) にある系から始める。時刻 t_0 に分離壁を除去し，新しい平衡状態が安定化する時刻 t_1 まで待つ。もしも時刻 t_1 に，全ての粒子の速度を反転させれば，初期状態 (c) に戻るのに，正確に $t_1 - t_0$ だけの時間がかかる。(c) と (a) の違いは，分離壁の有無だけである。このことは，系は状態 (c) に到達するが，すぐに再び膨張を始めて，全体積 $2V$ を満たすようになることを意味する。
19. 非平衡の理論においては，エントロピーは時間の関数として論じられる。例えば，系が異なる温度（T_1 および T_2）にある 2 つの熱浴の間に置かれて定常状態にある場合に，系のエントロピーの時間変化を論じる。この具体的な関数 $S(t)$ は，温度 T_1 および T_2 だけでなく，系の性質にも依存する。私の見解では，これらの変化はむしろ系の SMI として表されるものであり，エントロピーとして表すのは適当でない。系がしっかりとした平衡状態をたどる非常に短い時間間隔の極限過程は準静的過程と呼ばれる。
20. もちろん，皆さんはこれらすべてを文章として述べることができる。しかしなが

ら，あなたの国で第二法則だけが知れ渡っているならば，何か発言しようとする前に，2倍よく考えた方がよいであろう。
21. Thomson, W. (1874), これはまた，Goldstein (2001) に引用されている。

参 考 文 献

[1] Atkins P. (1984) *The Second Law*. Scientific American Books, W. H. Freeman and Co., New York.
[2] Atkins P. (2007) *Four Laws that Drive the Universe*. Oxford University Press, Oxford, UK.
[3] Baierlein R. (1994) Entropy and the Second Law: A pedagogical alternative. *Am J Phys* **62**: 15.
[4] Battino R. (2007) "Mysteries" of the First and Second Laws of Thermodynamics. *J Chem Educ* **84**: 753.
[5] Ben-Naim A. (1987) Is Mixing a Thermodynamic Process? *Am J Phys* **55**: 725.
[6] Ben-Naim A. (1992) *Statistical Thermodynamics for Chemists and Biochemists*. Plenum Press, New York.
[7] Ben-Naim A. (2006) *A Molecular Theory of Solutions*. Oxford University Press, Oxford.
[8] Ben-Naim A. (2007) *Entropy Demystified, The Second Law of Thermodynamics Reduced to Plain Common Sense*. World Scientific, Singapore.
[9] Ben-Naim A. (2008) *A Farewell to Entropy: Statistical Thermodynamics Based on Information*. World Scientific, Singapore.
[10] Ben-Naim A. (2009) An Informational–Theoretical Formulation of the Second Law of Thermodynamics. *J Chem Educ* **86**: 99.
[11] Ben-Naim A. (2010) *Discover Entropy and the Second Law of Thermodynamics: A Playful Way of Discovering a Law of Nature*, World Scientific, Singapore.
[12] Ben-Naim A. (2011) Entropy: Order or Information. *J Chem Educ* **88**: 594.
[13] Bent HA. (1965) *The Second Law*. Oxford University Press, New York.
[14] Boltzmann L. (1877) *Vienna Academy* **42** "Gesammelte Werke" p. 193.
[15] Boltzmann L. (1896) *Lectures on Gas Theory*. Translated by Brush SG (1995). Dover, New York.
[16] Bricmont J. (1996) Science of Chaos or Chaos of Science, arXiv:chao-dyn/9603009V1 22 iyar 1996.
[17] Brissaud JB. (2005) The Meaning of Entropy. *Entropy* **7**: 68.
[18] Brillouin L. (1962) *Science and Information Theory*. Academic Press, New York.
[19] Callen HB. (1960) *Thermodynamics*. John Wiley and Sons, New York.
[20] Callen HB. (1985) *Thermodynamics and an Introduction to Thermostatics*, 2nd edition. Wiley, New York.

[21] Cooper LN. (1968), *An Introduction to the Meaning and Structure of Physics*. Harper and Low, New York.
[22] Cover TM, Thomas JA. (1991) *Elements of Information Theory*. John Wiley and Sons, New York.
[23] Craig NC. (2005) Let's Drive "Driving Force" Out of Chemistry. *J Chem Educ* **82**: 827.
[24] Denbigh K. (1981) How Subjective is Entropy? *Chem Brit* **17**: 168.
[25] Denbigh KG, Denbigh JS. (1985) *Entropy in Relation to Incomplete Knowledge*. Cambridge University Press, Cambridge.
[26] Denbigh KG. (1989) Note on Entropy, Disorder and Disorganization. *Brit J Philos Sci* **40**: 323.
[27] Dugdale JS. (1996) *Entropy and Its Physical Meaning*. Taylor and Francis, London. entropysite.oxy.edu
[28] Fast JD. (1962) *Entropy. The Significance of the Concept of Entropy and Its Applications in Science and Technology*. Philips Technical Library, Netherlands.
[29] Gell-Mann M. (1994) *The Quark and the Jaguar*. Little Brown, London.
[30] Gibbs JW. (1906) *Collected Scientific Papers of J. Willard Gibbs*. Longmans Green, New York.
[31] Goldstein S. (2001) Boltzmann's Approach to Statistical Mechanics (published in arXiv:cond-mat/0105242,v1, 11 May 2001).
[32] Greene B. (1999) *The Elegant Universe*. Norton, New York.
[33] Greene B. (2004) *The Fabric of the Cosmos, Space, Time and the Texture of Reality*. Alfred A. Knoff, New York.
[34] Greene B. (2011) *The Hidden Reality. Parallel Universes and the Deep Laws of the Cosmos*. Alfred A. Knoff, New York.
[35] Greven A, Keller G, Warnecke G (eds). (2003) *Entropy*. Princeton University Press, Princeton.
[36] Guggenheim EA. (1949) Statistical Basis of Thermodynamics. *Research* **2**: 450.
[37] Hawking SW. (1988) *A Brief History of Time, From the Big Bang Theory to Black Holes*. Bantam Books, New York.
[38] Hill TL. (1960) *Introduction to Statistical Mechanics*. Addison-Wesley, Reading, Massachusetts.
[39] Jaynes ET. (1957) *Phys Rev* **106**: 620.
[40] Jaynes ET. (1957) *Phys Rev* **108**: 171.
[41] Jaynes ET. (1965) Gibbs vs Boltzmann Entropies. *Am J Phys* **33**: 391.
[42] Katz A. (1967) *Principles of Statistical Mechanics: The Informational Theory Approach*. W.H. Freeman, London.
[43] Khinchin AI. (1957) *Mathematical Foundation of Information Theory*. Dover, New York.
[44] Kozliak EI, Lambert FL. (2005) "Order — to Disorder" for Entropy Change? Consider the Numbers! *Chem Educ* **10**: 24.
[45] Lambert FL. (1999) Shuffled Cards, Messy Desks and Disorderly Dorm Rooms. *J Chem Educ* **76**: 1385.
[46] Lambert FL. (2002) Disorder — A Cracked Crunch for Supporting Entropy Discussion. *J Chem Educ* **79**: 187.
[47] Lambert FL. (2002) Entropy is Simple, Qualitatively. *J Chem Educ* **79**: 1241.

[48] Lambert FL. (2006) A Modern View of Entropy. *Chemistry* **15**: 13.
[49] Lambert FL. (2007) Configurational Entropy Revisited. *J Chem Educ* **84**: 1548.
[50] Gell-Mann M. (1994) *The Quark and the Jaguar*. Little Brown, London.
[51] Lambert FL. In entropysite.oxy.edu.
[52] Lebowitz JL. (1993) Boltzmann's Entropy and Time's Arrow. *Physica Today* **46**: 32.
[53] Lebowitz JL. (1999) Microscopic Origins of Irreversible Macroscopic Behavior. *Physica A* **263**: 516.
[54] Leff HS. (1996) Thermodynamics Entropy: the spreading and sharing of energy. *Am J Phys* **64**: 1261.
[55] Leff HS. (2007) Entropy, Its Language and Interpretation. *Found Phys* **37**: 1744.
[56] Leff HS, Lambert FL. (2010) *J Chem Educ* **87**: 143.
[57] Lewis GN. (1930) The Symmetry of Time in Physics. *Science* **71**: 569.
[58] Lindley DV. (1965) *Introduction to Probability and Statistics*. Cambridge University Press, Cambridge.
[59] Nordholm S. (1997) In Defense of Thermodynamics — An Intimate Analogy. *J Chem Educ* **74**: 273.
[60] Papoulis A, Pillai SU. (2002) *Probability, Random Variables and Stochastic Processes*, 4th ed. McGraw-Hill, Boston.
[61] Prigogine I. (1997), *The End of Certainty, Time, Chaos and the New Laws of Nature*. The Free Press, New York.
[62] Rowlinson JS. (1970) Probability, Information and Entropy. *Nature* **225**: 1196.
[63] Sackur O. (1911) *Annalen der Physik* **36**: 958.
[64] Shannon CE. (1948) A Mathematical Theory of Communication. *Bell System Tech J* **27**.
[65] Sheehan DP, Gross DHE. (2006) Extensitivity and the Thermodynamic Limit: Why Size Really does Matter. *Physica A* **370**: 461.
[66] Sommerfeld A. (1956) *Thermodynamics and Statistical Mechanics*. Academic Press, New York.
[67] Styer DF. (2000) Insight into Entropy. *Am J Phys* **68**: 1090.
[68] Styer DF. (2008) Entropy and Evolution. *Am J Phys* **76**: 1031.
[69] Tetrode H. (1912) *Annalen der Physik* **38**: 434.
[70] Thomson W. (1874) *Proc Roy Soc Edinb* **8**: 325.
[71] Trefil J, Hazen RM. (2007) *The Sciences, An Integrated Approach*. John Wiley and Sons, USA.
[72] Tribus M, McIrvine EC. (1971) Entropy and information. *Sci Am* **225**: 179.

あとがき

　これまで私が著したすべての本と異なり，本書の執筆は楽なものであった。これは主題が容易であったからではなく，単に本書は私が過去3年間に渡って書き上げ，練り直してきた同様のタイトルの論文にもとづいて書かれているからである（まえがきを見よ）。

　この本は，私が書くべき内容，順序，各トピックスについてどこまで書くかを，最初から正確にわかって書いた初めての本でもある。これまで執筆した本については，私が書きたいと思ったトピックスのぼんやりしたアイデアだけで書き始めた。書いている途中で，多くの問題が勃発して，私が理解していたと思ったいくつかの問題は，理解というには程遠いものであることが判明し，読者を納得させる前に，まず自分自身を納得させるために努力しなければならなかった。多くの場合，本の最終的な形態は，最初に想像したものとは全く異なっていた。

　本書を書いている間に学んだ，エントロピーの重要な側面が1つある。それは，系の状態や状態変化の記述子とエントロピーやエントロピー変化の記述子との違いである。系の状態を秩序，情報，広がり，自由などの言葉で記述することには何の問題もない。これらのすべては，系の状態についての非常に主観的な見方である。これらは，どれもエントロピーを記述するのには使えない。かくも多くの人々が，状態の記述子とエントロピーの記述子を混同するという落とし穴にはまってしまったことは不幸なことである。

　本書の執筆中，私はエントロピーに関するいろいろな見方を批判して，少々乱暴な言葉を用いたかもしれない。しかし，私はそうすることに良心の呵責はない。特にランバートが書いたことに関しては乱暴な表現も問題なかったと思っている。なぜなら，彼の著述はエントロピーと第二法則を説明しようと努力している多くの教師を誤導し，熱力学教育の分野全体に多大な損害を引き起こしたからである。

私はランバートの論文に対する私の批判は正直であり，科学的であり，的を射ていると信じている。私はまた，"ある種の"科学者達が自分の観点を宣伝し，同時に反対の観点を押さえ込むために用いている手段や手法について，本書の若い読者諸君が知ることは重要であると思う。

　私は，本書を書くことによって，私が膨大な分量の混沌とした文献から選りすぐった情報をみなさんと分かち合えたと思っている。

　私は，この情報が多くの読者に受け入れられ，科学者だけでなく科学者でない人々の間にも広がることを切に望んでいる。

　私は，その情報がみなさんの思考に何らかの秩序をもたらし，その過程において，みなさんが広い領域の配置，様相，配列…から選択をする際には十分な自由が残されていると，心から望んでいる。

　私は，この本を書くことによって，エントロピーの意味と解釈に関する，皆さんの不確実性を解消し，確かにエントロピーの謎を解決できたと本当に願っている。

　本書の執筆が宇宙のエントロピーを増加させたかどうか，私にはわからない。その判定は皆さんにゆだねよう。皆さんのお考えを私に共有させていただくことを心から歓迎いたします。

訳者あとがき

　本書で，著者のベン＝ナイムは（熱力学的）エントロピーを情報理論の立場から議論し直し，エントロピーに関する認識の混乱を解消しようとしている．著者の立場は明確で，シャノンが情報理論構築の過程で見出した情報測度という幅広い概念の特殊な例としてエントロピーをとらえるのである．エントロピー認識の混乱の一因として，シャノン自身が彼の情報測度をエントロピーと名付けてしまったことを挙げ，名前の付け方で，概念の認識は強い影響を受けることを指摘する．いろいろな例を挙げて，そのことをしつこいほど繰り返し論じ，エントロピーの解釈がどうあるべきか解き明かしている．訳注でもいくつか指摘したことだが，途中の議論には少々無理を感じさせる部分もあるのは確かである．しかし，そのような点を除いたとしても，著者の狙いは十分に伝わっていると思う．
　特に，ギブスのパラドックスとして知られる混合エントロピーに関する議論は，従来の標準的な熱力学，統計力学の教科書で扱われたものとはひと味違ったものになっていて，情報測度にもとづく考え方の優位性を物語っている．従来の教え方でも，どのようにすればギブスのパラドックスが解消されるかという点では問題がないが，その理由の解釈としては，ギブス自身も見逃していたことが，本書では修正されている．同じような題材を扱う本を書く場合，その本にしか書かれていない重要な部分がなければならないとよくいわれるが，この混合エントロピーに関する下りはまさにそのような部分の1つだと思われる．
　本書を執筆した動機については，「まえがき」に詳しく述べられているし，本文でも何回か触れられている．論争相手の名前は，わかるように書かれているので，ここでも明記してよいと思うが，本書を執筆する大きなきっかけとなったのは，ランバートとの長期間にわたる論争であった．著者は，このような科学的問題に関する論争のやり方についても本書で一石を投じているように思われる．これも1つの啓蒙といえるのかもしれない．

物理学や化学の分野における熱力学の教育で，エントロピーの概念をどのように認識させるかは，非常に重要な点である。これはそのような教育を実施する側も，受ける側も共通に感じていることではないだろうか．歴史的な観点からは，エントロピーはカルノーによる熱機関の効率に関する議論から，クラウジウスが見出した概念であるが，その実体は非常にわかりづらく，多くの教員，学生を悩ましてきたものでもある．正しい解釈が得られれば，実体に関する理解も深まるはずである．本書が，エントロピーの解釈に1つの指針を与えてくれるのは確実であろう．本書を読んで，エントロピーに関する悩みが少しでも解消されれば，翻訳の労苦も報われるというものである．

2015年10月

小野嘉之

さくいん

あ 行
エネルギー交換　30
エントロピー
　——関数　85
　——の記述子　11
　共有——　114
　ボルツマン——　8
　負の——　158
　理想気体の——　70, 83

か 行
可逆過程　100
可逆性パラドックス　153
確率密度　56, 76
カルノー，サディ　1
記述子　11, 28
ギブス，ウィラード　8
ギブスのパラドックス　108
キャレン，ハーバート　18
共有エントロピー　114
巨視的　1
区別できない粒子　74
区別できる粒子　73
クラウジウス，ルドルフ　2
ケルビン卿　2
コイントスゲーム　52
公理論的熱力学　163

さ 行
再帰パラドックス　153
最大エントロピーの原理　24
ザックール-テトローデの方法　91
時間の矢　149
事象　49
示量性パラメーター　163
シャノンの情報測度　33, 45, 47
　——の凸性　54
　——の無撞着性　55
　——の連続性　54
シャノンの無秩序　18
周辺確率　62
シュレディンガー，エルヴィン　158
条件付き確率　143
条件付き情報　62
状態関数　5
情報　23
情報理論　26
進化　160
生命　158
　——の反転　160
相互情報　62, 66, 75
測度　36
粗視化　25

た・な 行
体積交換　29

確からしい状態　15, 121
秩序　13
超確率　138
「通信の数学的理論」　24, 46
20-Q ゲーム　33
二値質問　34
熱機関　2
熱素　2
熱力学第二法則　129

は　行

ハイゼンベルグの不確定性原理　81
配置数　130
フォン・ノイマン，ジョン　69
物質交換　31
負のエントロピー　158
プリゴジン，イリヤ　25
分散　76
分子間相互作用　122
分布関数　48
ボルツマンエントロピー　8
ボルツマン定数　8
ボルツマンのH定理　47
ボルツマン，ルートヴィッヒ　8

ま・ら行

マクスウェル-ボルツマン分布　80
無知　25
無秩序　13, 17
　──の定量的測度　165
最も愚かな戦略　37
最も賢い戦略　37
最も確からしい状態　9, 121
理想気体のエントロピー　70, 83
理想気体の混合　97
理想気体の膨張　93
理想気体の融合　106

Humpty Dumpty was eaten by a hen
Then she flew up the wall and laid an egg
Lo and behold, Humpty Dumpty was back on the wall
Where everyone else failed, the hen made him whole

［邦訳］

ハンプティ・ダンプティは雌鳥に食べられた
そして雌鳥は塀の上に飛び上がり卵を産んだ
ほら見てごらん，ハンプティ・ダンプティはまた塀の上
ほかの誰にもできなかったのに，
雌鳥はハンプティ・ダンプティを元の姿に戻した

Your last challenge: Pause and Think.

One day you saw Humpty Dumpty sitting on the wall
The next day he was broken and splattered because of a fall
A few days later what do you see?
Humpty Dumpty sitting on the same spot with glee
Couldn't believe what you just saw?
Or perhaps you were fortunate to witness a violation of the Second Law?

［邦訳］

　　最後の挑戦：一休みして考えてみよう

ある日あなたはハンプティ・ダンプティが
塀の上に座っているのを見た
次の日，そいつは塀から落っこちて砕け散った
数日後，あなたは何を見た？
ハンプティ・ダンプティは喜色満面，
元の場所に座ってた
今見たことを信じられなかった？
そうでなけりゃ，恐らく，あなたは
第二法則が破れたことを目撃できてラッキー？

訳者略歴
小野嘉之（おの・よしゆき）
東邦大学名誉教授。理学博士。主な研究分野は物性理論，電子輸送理論（アンダーソン局在，量子ホール効果，ポリマー中のソリトンのダイナミクス等）。
主な著訳書は『量子力学的オームの法則』『モット金属と非金属の物理』（以上，丸善出版）『熱力学』（裳華房）『ガウスの法則の使い方』（共立出版）『金属絶縁体転移』（朝倉書店）ほか。

エントロピーの正体

平成 27 年 12 月 15 日　発　行

訳　者　小　野　嘉　之

発行者　池　田　和　博

発行所　丸善出版株式会社
〒101-0051 東京都千代田区神田神保町二丁目17番
編集：電話 (03)3512-3267／FAX (03)3512-3272
営業：電話 (03)3512-3256／FAX (03)3512-3270
http://pub.maruzen.co.jp/

Ⓒ Yoshiyuki Ono, 2015

組版印刷・製本／三美印刷株式会社

ISBN 978-4-621-30002-2 C 1042　　　　Printed in Japan

本書の無断複写は著作権法上での例外を除き禁じられています．